The
Orphaned
Adult

Alexander
Levy

漫漫告别

[美] 亚历山大·李维———— 著 胡雅琦————译

南海出版公司

新经典文化股份有限公司
www.readinglife.com
出 品

目 录
contents

致 谢　　　　　　　　　　　　　　/1

第一章　就这样循环往复　　　　　　/5
　　　　通往未知的旅程

第二章　哀的价值　　　　　　　　　/27
　　　　丧亲之痛的方方面面

第三章　我是谁？　　　　　　　　　/51
　　　　父母离去对自我认知的影响

第四章　在熟悉的地方再见　　　　　/75
　　　　失去之后，联结仍在

第五章 我们的至爱 /99
　　　　人际关系的变化

第六章 生命的彼岸 /133
　　　　死亡、永恒与信仰

第七章 暴风雨来袭 /157
　　　　逃避哀伤的危害

第八章 在哀伤之海中学会游泳 /175
　　　　应对哀伤的方法

第九章 爱与告别的人生课 /201
　　　　从失去中获得的新认知

致　谢

父母去世后，我有了一个想法："应该有人写本书，来谈谈这样的经历。"我甚至动了心，觉得自己就可以写。于是我开始采访失去双亲的人，在图书馆里查资料、做笔记，甚至时不时写上几页。但是，我能写出一整本书吗？

我意识到，从产生念头到把事做成，中间还隔着十万八千里。

认识了柯琳·莫海德后，一切开始改变。她在波士顿的窦·库佛出版经纪公司工作，非常认同我的想法并热心支持。她把我介绍给珀修斯图书公司的资深编辑玛尔妮·科克伦，于是本书终于有机会问世。玛尔妮为本书一路保驾护航。

珍妮·玛丽·拉斯卡斯不仅是我的挚友、伙伴和妻子，还成了我的老师。我每写出一个章节，她都会认真阅读，耐心指出我偏离主题或回避棘手议题的地方。她对我的写作抱持着对自己作品同等的要求：要优美，要真实。这本书饱含着她的心血。

爱我的家人们始终鼓励着我：李维、拉斯卡斯、马丁、加尔塔比安诺和卡尔几个家族的每个人都给了我极大支持。尤其感谢我的孩子艾米和彼得。父亲书写、谈论的这个话题，他们或许压根不想听也不愿细想，但两个孩子体贴地承担了这份重负。

我向《诗人与作家》和《作家期刊》杂志的读者征稿，请求他们分享丧亲题材的诗歌及其他文字作品，得到了一百五十多位作者的回应。最终选录的诗歌是众多投稿的代表作，我们惯于轻描淡写的情感在这些诗作中回响。

最后，若没有朋友、同事和来访的咨询者们与我慷慨分享自己的故事，就不会有这本书。感谢所有人。

致失去妻子的爸爸们

他唯一的愿望就是
你还是旧时的女儿
就当时间回到一九四二年
你在那幢色彩单调的房子里
轻盈走下暗影中的楼梯
与他们并肩坐在沙发上,凝视这片静默

"爸爸,"你说,"试试吧"
你想送上整个世界
告诉他一切并没有那么糟,还有美食可尝
可以一起听音乐,或许还有现场表演
虽然都有些煽情又过时

但他说,"不用了,谢谢你
不用给我这个世界"

他日复一日地重复同样的事
取报纸，喂猫
讨厌猫蹭到脚踝
它过去也这样蹭母亲的脚踝
每日边看晚间新闻，边吃同样的晚餐

你寄给他英国茶、挪威曲奇
当你回去过圣诞节
却发现它们原封未动
还躺在储藏室的架子上
"我都留着呢"，他说着
露出难为情的神色，"留给你"

后来他过世了，留下你
两手空空站在原地
和过去断得一干二净
剩下一只待哺的猫

——珍妮特·麦肯
作于得克萨斯州大学城

第一章

就这样循环往复
通往未知的旅程

世界上最令人震慑的体验,莫过于曾经恒常的事物荡然无存。若要想象一样东西的缺位,只能想象它本身,而不是它留下的空洞。

每年的春季和秋季,我都会在父母的忌日,前往位于城市另一端的墓园悼念他们。我跪在墓碑旁,打理一下周围生长的小草和花儿。他们就躺在墓碑下。

这是一块六英寸[①]见方的土地,这里实际上不需要怎么打理:稍微除除草,拂去旁边树木飘下的落叶,碾碎板结的土块即可。我徒手清理,嗅着泥土的气味,感受着手指和膝盖下湿润的土地。我听见墓园篱笆外的路上车辆穿行的声音,眼角余光看到山坡上布满墓碑。

我去墓园不是为了做园艺,也不是为了探访父母。那里没有一丝他们的痕迹。事实上,任何地方都已没有他们的痕

---

① 英制长度单位,1英寸为2.54厘米。

迹。或许这正是我去到那里的原因。那里和我一样，背负着他们的名字。那是我与回忆共处的地方。我会坐上一会儿，想着许多事，尤其是回想自己成为一个"成年孤儿"的陌生体验。

对于父亲离开的那天，我只有一段清晰的记忆。我把它存放在心里，就像一张黑白快照，照片里的我站在车旁，盯着一个绿色塑料袋。在我离开医院时，护士把它交到我手里，袋子里装着父亲的遗物。在这张快照里，我一动不动，只是站在那里，盯着袋子。没有声音，没有气味，没有感觉，没有理解。

父亲在一九八〇年去世，享年八十二岁。当时，他刚发生恶性肠梗阻，做完手术没几天。从确诊到死亡，只有短短六天。原本行动徐缓却机警的父亲迅速憔悴，意识不清，随即又陷入昏迷，全身瘫软，之后我便失去了他。我努力想从这猝不及防的变化中找到意义。

父亲的遗体被带走，我站在突然变得空荡荡的医院病房里，问医生为什么要给他这样苍老虚弱的人做手术。这位医生照料我们全家已有多年。他轻轻把一只手放在我的胳膊上，直视我的眼睛，语气诚恳、表情严肃地说："手术是唯一的选择。你不明白吗？要是不做手术，你父亲连一周都撑不下去。"

当时的我还不知道，这场对话预示着我将踏入人生的超现实阶段。在这个阶段，我要完成转型，从拥有双亲的人最终变为永无双亲的人。

埋葬父亲的那天，我无法确定母亲是否明白他已逝去。就在那年早些时候，她突然变得健忘糊涂。父亲去世时，她已经严重失智。从墓地回来后，她和我一起坐在客厅里，甜美地笑着四下打量，轻轻晃动脑袋，仿佛在跟着一首只有她能听见的歌打节拍。她不知道向谁轻声问道："他们把这里布置得真好看，对不对？"

那种感觉仿佛在和陌生人一起参观一个陌生的地方。或许是为了把她唤回来，我逗她说："拜托，妈，你该不是要告诉我，这么多状况还不够，你还要失忆吧？"

她不再晃头，向我转过身来。几个月以来的第一次，也是此生的最后一次，她的眼神专注而清澈。她用我无比熟悉的浓重俄语口音说："是的。对不起，但是我喜欢这样。"

她温柔地笑了，眼里涌起泪水。她继续晃动起头，又缓缓地左右转动。渐渐地，她的眼神开始涣散，变得干涸，接着她又变成了一个陌生人。

她一直是个言出必行的人。也许不是出于自主决定，但在身体状况进一步恶化之前，她确实一直保持着这样的状态。接下来的四年里，她越来越虚弱衰老。一九八四年，到生命的最后时期，她变成了一个疯癫的老太太——过去的她会耸耸肩说"希望我永远不会变成那样"。

安葬她的那天，布满鲜花、石碑和青草的熟悉山坡又破开了一处深深的长方形洞穴。这块土地如同我的人生般再次被撕裂,曾经熟悉流转的一切如今变得空洞而赤裸。

墓穴旁,一块绿布上盖着一堆泥土。有人在附近为哀悼者摆好了折叠木椅。椅子上坐着我父母的朋友们,都是老人。当我走近,他们向我转过头来。毕竟我是儿子,按犹太社会的传统,应当在父母去世时致哀悼祷词。

然而,我的家庭不曾经历传统的宗教仪式,因此我不会念任何祷词。葬礼上没有能主事的长辈。于是当父母的朋友们看向我时,我只能站在那里,尴尬地回应他们的视线,强忍的泪水灼烧着双眼。我闭上了眼睛。

我仿佛回到了六岁的时候。记得六岁时,家附近新开了一家超市。在那之前,我们得穿过好几个街区,去农贸市场买肉和果蔬。购物是每天都要做的事。这一天,父母说,以后在家附近就能买到新鲜食材了。

我有两段重要的童年回忆和这家超市有关。第一段是初次见到超市的自动门,当你经过一束激光时,店门会自动打开。就像魔法一样。呼啦一下打开,呼啦一下关上。什么也不用做,继续走就行。我还记得自己站在那儿,惊愕得不行,而平日里严肃内向的父亲正打着转儿走进又走出,长羊毛大衣后摆飘起,包裹着他佝偻的身体。从写着"入口"的门入,从"出口"的门出,他阔步演示着"神奇的美国人"的最新发明,门呼啦打开和咔嗒关闭的声音就是这演示过程中的标点。我从未见过父亲如此兴奋。那天，我们牵着手走回了家。

另一段回忆应该是我在墓园时想起来的。那时，我在超市货架间的通道游走，饶有兴趣地研究架子上形形色色的商品和地上的垃圾。突然，我发现与母亲走散了。我身体发冷，呼吸停滞，眼睛灼痛。我清楚记得当时的恐慌，记得自己在一条条通道间跑来跑去，叫喊着："妈妈！妈妈！妈妈！"我看见一条半裙下露出一双女士的腿，便抽泣着跑过去，一头扎向这双腿，寻求安慰。然而，那不是妈妈。女士一边努力保持平衡，一边问："亲爱的，怎么了，找不到妈妈了吗？"

就在这时，一脸焦虑的母亲出现在通道尽头，粗暴地把我拽回购物车旁。

在墓园里我想起六岁时的情景，但我知道这次不会再有泪水中的重逢。不会再有责骂、紧紧的拥抱、安抚性的零食，拉着手结束这次冒险。不会再重归熟悉。不会再有笑容在眼前浮现。不会再有拥抱。不会再有晚餐时的趣谈。

老人们就坐在我父母的墓旁。如果他们中有人问我同样的问题："亲爱的，怎么了，找不到妈妈了吗？"我可能会立刻开始抽泣。

世界上最令人震慑的体验，莫过于曾经恒常的事物荡然无存。若要想象一样东西的缺位，只能想象它本身，而不是它留下的空洞。尤其当它长着你在世上见过的第一张面孔，说过你听见的第一批词汇，自时间伊始便安慰着你、引导着你、纠正着你、护你周全。

父母正是这样的存在。他们是子女人生中的常量。从婴儿的第一次呼吸开始,父母或与婴儿联结的其他成年亲职角色便必须开始提供持续并充分的供养,否则婴儿就无法存活。氧气、水分、食物、休息,保护孩子不受野兽与极端温度的伤害,这些是维持孩子生命的基础条件,也是长期必要的,需要时时警醒,予以关注。父母的不朽意象与他们提供的必要条件不可分割。

我开始研究成年人的丧亲之痛,很快读完了关于这一议题的所有通俗、医学和心理学文献,快得令我意外——不是因为阅读速度快,是因为相关文献屈指可数。

文献本身很有意思,但更有意思的是文献竟如此稀少。我之所以感到意外,是因为父母离世毕竟是最常见的丧事。在美国,每年有近一千两百万成年人(即美国人口的百分之五)失去父亲或母亲。从数据上看,父母亡故在"家庭成员死亡"中发生率最高。丧亲不是少数人的不幸遭遇,而是概率均等的经历,唯一的前提是孩子没有在父母之前去世。

"家庭成员死亡"的概念最常用于描述配偶去世,至少在心理学和医学文献里是如此,其次是孩子夭折,用以指代父母去世的情况则少得多,而且几乎从不用于指代兄弟姐妹亡故。

谈论父母亡故对成年人影响的文献,往往着眼于幼年时丧亲经历的余波。有不少研究、报告和论文分析了临终者的梦境、临终照护人的心理状态，以及人死去时的若干状态、人对自身死亡可以且应当做出的选择，甚至失去宠物后的哀伤心情（最后一类哀伤者有自己的互助群体）。

以上议题和所有其他人类经历一样重要、有意义且值得研究。但我始终不明白为何对成年孤儿的关注如此之少。

作为心理医生，我见过许多可以说是成年孤儿的人。他们总会说起失去双亲带来的重大人生变化。那种感受最常被形容为"强烈得出乎意料"，这个表达意味着"我知道对大部分人来说这不是什么大事，但对我来说是非常大的打击"。

失去双亲是不可避免的，且大家似乎都认为这是一种危机。那么为什么鲜有人谈论、书写、研究这个问题？

凯瑟琳·桑德斯一九八九年的著作《哀伤：漫长的悼念》中分析了多种类型的哀伤。她写道："人们对于成年人的哀伤，似乎有一种不耐烦。人们很少探究他们的内心感受，或是在一两周后便不再认可他们的哀伤，仿佛成年丧亲不需要太多或长期关注。成年孤儿只能把感受装在心里，暗自悼念。"

桑德斯还指出，研究界鲜少关注父母亡故对在世成年子女的影响，因为成年丧亲被视为"宇宙的自然法则"。但是，我仍不能理解，为什么有些问题（如配偶或子女丧生）发生概率更低却更多被纳入研究或谈论，而成年丧亲则被视为自然法则。

关于成年丧亲的议题，发表了多部著作的研究者屈指可数。其中，米丽娅姆和西德妮·莫斯提出，是不是因为我们太过看重青少年，因此觉得年长者的生与死失去了社会价值？倘若如此，或许人们会认为向故去的长者致哀没什么社会意义，并默认哀悼者需要的安慰也相对较少。

有时我甚至想，对于个体权利与价值的重视是否已发展到一种境地，我们心中只有自我、自己的权利，而不再同情他人的境遇？若我们如此专注于自身，心中就无法留出空间感受他人的经历，更遑论关心他人翻涌撕扯的混乱情绪。我们无法共情他人的痛苦，因而也认定自己不会遭遇那些痛苦，认定那些痛苦与我们无关。我们无动于衷，并认为这些痛苦只是恼人的麻烦，只希望那些不幸的人能自己克服。

如今的我们认为死亡是可怕的，对此避而不谈。我们避免思考到"那件事"，避免为"那一刻"做准备，甚至从不谈论，就算谈到，也不愿直接说出那个字。

几年前，我问女儿从小便认识的一个朋友，是否愿意和我们一起参加一位认识的人的葬礼。她回答："不了，谢谢。我不想和这种事扯上关系。"

这句话很有意思，有可爱的天真。但我越是细想，越觉得我们大多数人都不想和死亡这件事扯上关系。

不少人告诉我，他们甚至认为死亡是一种侮辱，一种极度的羞耻，是对生命的否斥。就连终日与生死打交道的医生也曾说，他们不愿承认自己能做的充其量只是缓解不适、推迟死亡的到来，宁愿说自己的工作是在"拯救生命"。

我们拒绝直视死亡，就像试图避免和操场恶霸眼神交汇，以为只要他们没看到我们，我们就能逃过一劫。然而，我们越是不愿面对，对方就显得越是可怖。

从近代文化史的角度看，对死亡的这种态度属于当代的演变。就在二十世纪初，死亡还被视作人生的一环。当时大家庭居多，成员关系往往很紧密。人们都住得很近。总有人出生，有人死去。生与死都发生在家里。举行葬礼前，年轻人和老人的遗体都由亲人打理好，安放在客厅接受集体悼念。

但如今我们却竭尽所能回避死亡。我们把临终之人从家庭生活中剥离，送去医院。我们不再为往生的人清洗更衣，也不会在家供奉他们的遗物，一切都交给殡葬馆打理。我们甚至不再为了悼念死者而暂停日常安排，只是休几天假，就回去工作了。死亡被人们以卫生、制度化的方式处理。

我们的经济和政治理念都强调个体的意义。我们珍视自己与他人，歌颂生命，珍惜机遇，坚信天赋人权。最宝贵的生命权、自由权和追求幸福的权利，不应像过去一样因阶级、种族、性别、宗教或出生地的不同而受到局限。我们拒绝这样的局限。我们拒绝一切局限。

我们歌颂生命，把死亡挡在派对门外。

从小到大，我们一直被告知："你可以成为任何想成为的样子。"从未有人说过:"无论多成功、多高尚、多充实,你的追求总有尽头。那就是死亡。"我们对于生命和自我的图景都在排斥这个最终的平等可能。

如今,传统的局限不复存在。食物由总人口中一小部分人生产。人们持有并控制大片土地、厂房或其他生产资料。具体的工作由机器完成。现代储存与运输方式使物品的积累成为可能。这一切在一个世纪前都不可想象。生活在今天的人真的可以拥有无限财富。过去被归为贪婪的行为,如今被视为成功的象征。

从小到大,我们一直被告知:"天空是无限的。"从未有人说过:"无论累积多少资源,你的成就总有边界。它的名字叫死亡。"

知识不再是占据特殊位置、掌握稀缺途径之人的隐秘特权,我们无须受他们摆布。只要具备基础搜索能力,我们就能了解某种疾病的相关信息,包括不同治疗方法和具体药物的副作用,获得不亚于医生知识储备的信息量。

人人都能获得知识的启发,但我们却从未想过探索生命中的暗影。从小到大,我们一直被告知:"知识只会受限于你的想象力。"从未有人说过:"其实,人的认知总有边界。那是永远无法理解的真理维度,名字叫死亡。"

过去,旅行的极限取决于人或坐骑的耐受极限。如今,谁都可以复刻马可·波罗的旅行,要是搭乘超音速夜间航班,

第二天还能赶回家吃晚饭。过去不可想象的事成了日常,过去令人惊叹的种种,已变得平平无奇。

如今,时间和空间都成了相对概念,而非现实层面上的绝对限制。就算错失一段比赛的高光时刻,也可立即回放。若想换个视角再看,也没问题。就算没时间去影院看电影,电视也会转播。就算没时间看电视,也可以把节目录下来。"死亡""终局"这样的概念太不时髦,对于我们和我们先进的生活方式而言太过狭隘了。

但死神将不可避免地到来,带走我们深爱的人。我们自以为是高大万能的宇宙主宰,这时却遭到迎头一击。死神第一次来临的时候,往往会带走双亲中的一人。

"父母离世是成年生活的偶发事件"——这不过是文化建构出的幻象。倘若文化的意义之一在于提供一份地图,让我们走进每个人生阶段时都能得到指引,那么这则幻象便蒙蔽了我们。试想正在走的道路突然出现大转弯,转弯后进入截然不同的世界,许多路标也变得不一样。然而,我们的文化地图却没能正确标注出这个重要的大转弯。这种文化建构也许强化、宣导了某种重要的社会观念,但它的含糊其词却使我们在遭遇真实时措手不及。

古地图用恶龙和巨蟒标注边界,以区分树林河流被尽数探索过的已知区域和潜伏着可怕危险的广阔未知区域。我们的文化并未提供这样一份地图,警示我们越过某个点后一切将彻底改变。于是,当我们行至父母人生的终点时,无不陷入震惊和错愕中。

女儿大学时的男朋友曾对我说,他小时候以为大人用两周就能走出父母去世的阴霾。这个判断有充足的理由,他高中时发现,老师的父母去世,通常会请两周假,回来工作时就好像没发生什么伤心事一样。他说自己一直很担心,因为他绝不可能如此轻易地面对父母的离去。

在母亲去世后的几个月内,我的生活看似已经重归正轨。财务事宜交给律师处理,父母远方的朋友已经接到通知,遗物分发完毕,姐姐和我也都还好。大约八个月后,我的情绪突然崩塌。向来积极乐观的我,变得消沉自闭。我消瘦下去,注意力难以集中,容易混乱。这种逐步的崩溃让我感到陌生而烦恼,最明显的特征是模糊,似乎与任何事都没有关联。虽然我可以用"焦虑""悲伤""忧郁""消沉"等词语来形容自己的情绪,但我找不出原因,无法将其与任何事挂钩。

当这样的状态持续到第四周,我约了医生问诊。这种陌生感受突然降临,说不清道不明,没有明显原因或特定形式,令我担心自己患上了某种疾病。是不是长了脑肿瘤?或是糖尿病?我是不是疯了?

站在医院大楼的一层等电梯时,我透过玻璃门看外面的街景。那是一个明亮晴朗的日子,行人穿着色彩缤纷的衣服,在大楼正面一排巨大玻璃门间穿行,构成了一道景观。左侧的电梯叮的一声到了。我听见电梯门打开,用余光扫了一眼。大脑还没来得及处理眼前的画面,某种感觉便让我有些喘不过气。

我立刻认出了那种感受。那是我小时候,在家附近有自动门的超市里找不到妈妈的感受,是我在葬礼那天把她的骨灰送去坟墓的感受。

三位身量瘦小的老太太依次走出电梯,与我擦肩而过,走进楼外的阳光里。在母亲去世后,我眼中第一次泛起泪水。

进入医生的诊室,我开始描述过去几个月奇怪的情绪转变和其他变化,心里却一直在回想刚才的情景。医生问:"你觉得这是怎么回事?"

我毫不犹豫地回答:"没有原因。什么也没有。我的父母都去世了,一切都不存在了。将来也会一直如此。"

直到这时,我才真正开始面对双亲的离去,主动哀悼他们的离去,哀悼随他们而逝的珍贵的画面。

过去几年,我不断咨询、研究,探索成年人失去双亲后的经历。最大的心得是:无论是否融洽、相处方式如何,子女和父母的联系都无法被死亡打破。父母扮演着独一无二的角色:无论我们如何看待,他们都是我们人生最初始、最明确的稳定常量。在我们意识到其他事物之前,就已意识到他们的存在。在我们认识太阳、月亮、大地等人生中的其他常量之前,就已先习惯了生活中有他们。

无论亲子关系如何,相处得是好是坏,父母都给了我们一种看似永恒的幻觉,暗示生命可知、可靠、可信,从而可以驾驭。

我们并不认为父母坚不可摧。从小到大,我们看到他们被各种各样的人生风险困扰。我们看着他们生病——夏天的感冒,冬天的流感,还有头疼、嗓子疼,以及其他各种感染。他们可能会受伤或难受一段时间。然后我们看着他们好起来。他们不一定会彻底痊愈,或许会行动不便,会留下伤疤,但大部分时候,我们会看到他们克服伤痛,挺过来,一次次强化我们对父母耐力的笃信。

他们的病痛或许会扰乱规律的家庭生活,或许会造成麻烦,甚至可能出现吓人的情况。但在我们的人生中,父母的病痛似乎总是暂时的。他们是不会倒下的。

然而,最终有一天,我们会收到电话、邮件,或是在探访医院时被告知,受伤或患病的父母再也无法康复。或许他们会挺一段时间,衰弱一阵子,接着开始凋零,又或许他们走得很快,快得出乎意料。无论过程如何,他们离去了。

我们的安全感与信念,建立在自小形成的关于父母永生的幻觉之上。当我们眼见他们消失,从我们的掌心滑走,那份天真的安全感与信念也有一部分随之消逝。

接着,许多事跟着改变。至少,中年丧亲会带来挥之不去的孤独感,唤起有关"失去"的记忆,使未被解决的冲突重新被提到意识中，引发对人生意义的质疑。

同时，人际关系也可能受到影响。若配偶失去父母，亲密关系通常会在几个月间发生巨变。随着照料关系、责任、家庭身份和支持模式的重新组合，兄弟姐妹的家庭角色可能会重新分配。持续多年的友情有时会凋零，新的友情也许会出现。

我们看待、使用时间的方式将随之改变。例如，在二十世纪前，玛丽·金斯利曾去往欧洲人不曾涉足的西非野外，探索并记载了奥果韦河及兰布韦河流域数百英里[①]的地貌。这项伟大的工作是在她双亲去世不久后启动的。与之类似，西格蒙德·弗洛伊德在父亲去世一年后，发表了关于俄狄浦斯情结的研究，论述父亲意象对儿子的影响。

我们会突然意识到自己不再是某人的孩子，这意味童年已逝。我们感到自己"成年"了，成为最年长的一代，随之而来的还有一种冰冷认知：我们和死亡之间再无阻隔。

无一例外，我与一些父母都已故的人交谈过，他们无一例外地说："我突然意识到下一个死的就是我了。"

失去父母或许会引发生理和心理状态的变化。有研究表明，无论男女，丧亲都是心理疾病的重要触发因素。子女在父母祭日的前后一个月内，自杀率会显著上升。在死者

---

① 英制距离单位，1英里约为1.61千米。

离世后的六个月内,死者亲属的死亡率大约高出正常水平七倍。

哀悼不仅是平息悲恸、回归生活的过程。哀悼是一种过渡,而改变则是过渡的印记。

哀悼期或许会慢慢过去,但哀伤永远不会终结。和父母有关的回忆与情感将在之后的岁月不断闪现。对有的人来说,自己深爱的逝者回访是乐见的好事。对另外的人来说,这样的闪现有时痛苦且骇人。

有时,回忆会在生者最无防备时涌现。最近,在步行去办公室的路上,我追上和我同楼办公的一位六十多岁的女士。多年来,我们只是不时打个照面,偶尔在电梯和咖啡店里客套几句。我知道她的名字,她也知道我的。

那是个灿烂的春日,我们并肩而行,边走边寒暄。她和平素一样阳光开朗,问我手里的大包裹装了什么。里面是这本书的素材,于是我提起成年丧亲的话题。她吸了一口气,陷入沉默,放慢了脚步。终于,她清了清嗓子,擦拭眼角,说起二十年前她父亲过世的情形,以及双亲亡故带给她的巨大冲击。我也简短讲述了自己的遭遇,以及丧亲对我的影响。我们出乎意料地发现了彼此共通的经历,感到慰藉,慢慢地走过最后几个路口。

从那天以后,我意识到上班路上擦肩而过的人们或许也跨越了丧亲的门槛。如果我们能认识彼此,分享共通的经历,会怎样呢？对那些尚处在人生地图边界内的人，如果知道了边界意味着什么、边界外有什么在等待，会怎样呢？

他们应该知道些什么？能否告诉他们成为孤儿是成年人身份的一部分，是我们所有人都可能遭遇的情况，是许多人当下的处境，而这段通往陌生之境的旅程已有人经历过？我们这些正在穿越人生地图上那块恶龙领地的人，能否告慰那些父母双全、仍在熟悉领域里的人：通往未知之境的道路万千，危龙巨蟒之地尽管看似恐怖，但并非危险不可通过？

在每年的春天和秋天，抵达城市另一端的墓园后，我靠着晒得温暖的墓碑坐下，放眼看向许多人埋葬各自父母的地方，想起许多事情，尤其是自己成为一名成年孤儿的陌生体验。

追忆父亲

我们坐在门廊的秋千上
天早已黑透
夏夜像一张柔软的毯子,那么
再和我说一次坐火车的事吧

让我们佯装
妈妈尚未逝去
我不曾长大离开家
(让你笑了又哭
为我打包蜜月之行要带的牛仔裤)
不曾生下一个男孩
不曾在火车站执意接过你的行李箱
你说,等我八十岁再帮我提吧

噢爸爸,你却未活到八十岁

也未让你的小女儿

在你坐火车时

为你提行李箱

四下安静

(唯有秋千链条吱嘎作响

六月的金龟子撞在玻璃上砰咚有声)

请再一次告诉我

月亮用西班牙语怎么说

请再一次告诉我

坐火车的故事

——罗伯塔·古德温

作于加利福尼亚州洛杉矶

第二章

哀的价值
丧亲之痛的方方面面

在我看来,这样一头跌入生命的脆弱和神秘无解并被暂时吞噬,就是哀伤。哀伤是一段痛苦迷茫的时期,也有可能成为人生迎向解放、脱胎换骨的机遇之一。

哀伤有什么作用？人总会死去。可每当有人离去，我们为何如此痛苦？

尤其当年迈的父母过世时，我们为何如此难以承受？人终有一死，年迈的父母到底年迈了。他们已经走过漫长的时间，人生装载了丰富的经历。他们往往多病，生活质量下降，快乐的事越来越少，是该与其他逝者同行而去了。然而，当他们离去时，我们依然哀伤难当。

扭伤了脚踝，会感到疼痛。疼痛让我们知道出了问题，意识到要避免让痛处受力，以免出现更重的损伤。疼痛有疼痛的意义。哀伤也是痛，但它有意义吗？哀伤是否在提示我们什么？答案是肯定的。

不过首先，我们要定义一下哀伤。哀伤是什么？每个人都经历过这种情感,但我们该如何定义它?

有思想家曾说,哀伤是一种本能,是自我认知稳定状态被打破后的反应。他们认为,哀伤是失去所爱之人而引发的人格原始内核的创伤。

有人认为,哀伤源于外界而非内心。所爱之人离去,终止了自我与他人以及周遭世界的联系,哀伤就是对此做出的反应。

有人提出,哀伤由文化塑造,与个体关系不大。他们认为,哀伤是一种习得的现象,就像是对音乐的喜好和对艺术的感应,由社会规范和预期构建并塑造。

还有一派理论来自马达加斯加中部的波索原住民。在那里,哀伤是种自然的献祭,以致敬"创始夫妇"和他们在创世时付出的牺牲。传说中,造物主把一块石头和一根香蕉放在波索人的祖先面前,作为赠礼。饥饿的创始夫妇选择了香蕉,舍弃了石头。造物主于是宣布:由于他们选了香蕉而非石头,他们和后代的命运都将遵循香蕉的生长模式。

香蕉的母株会在结果后死去。人类也一样,将在诞下后代后死亡。若创始夫妇选择了石头,那么人类的生命将像石头一样,没有新生,不会凋朽。

波索原住民感到哀伤时,并不是在追忆某个死去的族群成员,而是在感怀初代祖先及后继先人的利他主义,给了自己拥有生命的机会。

在一些学院派心理学领域，关于哀伤的定义不再是关注的重点。思想家更感兴趣的是哀伤的内容，即哀伤由何构成。他们提出的有关人类哀伤形式的理论，大部分源自伊丽莎白·库伯勒－罗斯在二十世纪六七十年代对濒死体验的先锋研究。这派理论认为，人们对自身死亡与所爱之人的死亡有类似的反应。我明白，用这样条理化、系统化的方式将哀伤概念化，有助于在大学课堂上展开讲解。我也明白，对哀伤的部分维度展开有序的讲解，或许能带给处在这样境况中的人们一定的安慰。下面我会介绍这种章法井然的哀伤分析模型，但我不认为它和实际的哀伤体验完全吻合。

这套理论提出，哀伤由以下常见阶段组成：

1. 怀疑、逃避与否认。

在哀伤的初期，人会在冰冷的恐惧和麻木间徘徊。我们会尝试逃避这种冲撞：明知所爱之人已经逝去，又无法想象他们真的离开。我们可能会迷茫地四下游走，或是借由忙碌来转移注意力：安排父母的遗物、处理法律事务、埋头于工作。明知自己失去了亲人，但大脑无法处理这样的现实，于是竭尽所能地转移注意力。

2. 愤怒。

接下来，能量开始恢复，情绪可能会指向逝者（怪他们没有好好照顾自己)、医护人员(怪他们没有更尽职)、亲友(怪他们在现实或想象中各种各样的不足)、神明(怪他们允许这些苦难发生)。愤怒还会变形为好斗的态度与行为,而愤怒的对象可能与死者毫无关联。这种愤怒是我们试图理解无法理解之事的一种表现。我们认为事情必须有清晰的解释,尽管有些事情没有道理可言。我们相信,一旦找到理由就不会那么难过,于是某人或某事必须为我们的失去负责。

3. 愧疚。

随后,愤怒会转向我们自身。我们在逝者在世以及其临终阶段的所有错误、疏漏和不足都要经受冷酷审视。我们会把他们的死亡和痛苦归咎于自身,或怪自己对他们关切不够。我们做过与没做过的一切都逃不开批判的自我审视,所有的无心之过都不可放过,所有的疏漏都不可原谅。

4. 沉溺于悲伤。

当否认、愤怒、回避和愧疚的保护作用退去,逝者已去的现实将我们淹没。这是一段恐惧与悲伤的时期,我们会感到空虚、绝望和迷惘。我们强烈思念逝者,渴望他们能起死回生。我们也许会哭泣,至少希望自己能够哭出来。

5. 接受。

最终,我们会平静下来,理解人死不可复生。在此后的人生中,接受逝者的离去已是既定事实,并嵌入我们的世界观中。我们不再强烈持久地思念、挂怀。我们会记得、想念他们,但不再时时被牵扯,他们刚离去时那种无法承受的锥心之痛已然退去。

以上理论化的范式没有反映出哀伤的真实情况,还可能让刚失去至亲的人产生错误预期,以为哀伤会有序推进。几年前我发现了这一点,当时,一位打扮得体的成熟女士前来咨询。她说母亲在四年前去世,并详尽讲述了从那以后为了让人生重回正轨所做的努力。她成年之后,大部分时光都在照料母亲,尤其是在母亲临终前几年。母亲的死在她心中留下一个巨大的空洞,即使竭尽全力至今依然无法填平。她试过加入各种俱乐部,去一直想去的地方旅行,甚至报名了意式料理成人烹饪课。以上努力都无法使她摆脱丧亲之痛,于是她决定寻求专业的帮助。

第一次沟通时,我问她如何哀悼亡母,以及如何应对哀伤。她说:"噢,那确实很不容易。我读了本有关哀伤的书,然后试着按照书中的内容来。可是每次我正要开始看,就会哭出来，只好重新来过。"

在后续的多次来访中，她回忆起与母亲那段漫长而复杂的关系，时常会哭泣，会大笑，会颤抖，会愤怒。她的情绪状态并不会按顺序出现，而且她发现顺序并不必要。有一次，她带了一包家庭照片要给我看，但从始至终都坐在椅子上抽泣，包裹放在腿上不曾打开。另一次来访时，她和我讲了母亲抠门省钱的爆笑往事。我没有给她的任何一种情绪命名，在听她讲故事时也没有去划分什么"阶段"。我只是欣然接住了她带来的一切。我相信，当她回忆、分享、悲伤、发火、大笑或哭泣时，她就是在哀伤。

几个月后，她能够以些许平静面对母亲的离去了。到年底，她找回了更多独立于母亲的自我，准备迎向崭新的未来，这个未来已没有因为母亲的存在而带来的依赖和确实的假象。最后一次咨询结束后，她与房产经纪人见了面，因为她终于决定将母亲的房子挂牌出售。第二天，她打电话告诉我，她感觉既悲伤又如释重负，想最后一次和我确认，这二者都是哀伤，是哀伤纠缠而复杂的不同维度。

我发现，当人们讲述自己的哀伤时，没有人讲述的是连贯有序的经历。他们会讲述无数混杂在一起的瞬间，以恐惧、疼痛、羞愧和愉悦等情绪来组织和诠释，他们称之为"哀伤"。

他们会谈到深深的恐惧，怕自己永远无法振作，无法停止哭泣；或者担心自己出现什么问题，因为他们似乎并没有那么难过，常常哭不出来。他们会谈到挥之不去却无法满足的愿望，遗憾自己没能在亲人生命结束前再说一次"我爱你"。他们会谈到他人对自己的悲伤表现出不耐烦，令他们困惑。有人告诉我，对逝者的思念程度远超自己的想象。也有人惭愧地对我说，对逝者的思念程度远低于自己的想象，内疚地坦言，这种新发现带来的自由感受令人愉悦。他们会提到夜半时分惊醒，发现自己浑身是汗地站在床边，因为模糊梦境里快速消散的画面而尖叫。他们会不安地诉说自己的不堪，比如吝啬、贪婪、喜怒无常。虽然生活只有一点发生了改变，但一切都变得扭曲起来。

有时，他们根本无法开口，只能像难以安抚的婴儿般心碎哭泣，像新生儿般惊惧尖叫，或是像发脾气的幼童般恼得面孔发紫、喘不过气。

哀伤其实是一种基础而原始的体验。若要假装哀伤只是内心活动，或认为它可以被概念化梳理并"理解"，可能会掩盖哀伤所引起的混乱，彻底误解哀伤的意义。

那么，哀伤到底是什么？我们为什么会哀伤？

我认为，哀伤是当人面对失去时，以任何方式都无法理解时的情绪表达。我们无法从概念或任何意义上理解所爱之人已经死去。大脑不是这样运作的，这超出我们的掌控。

我们习惯了有人离开房间后还会回来。我们无法形成确切的心理意象，承认一直都在的某人从此不存在于任何地方。我们无法想象曾经就在眼前的人不在人世。

我们想象不出自己失去重要的人后的样子。当重要的人死去，即使我们理解不了，也还是艰难地尝试理解。大脑正是这样运作的，也超出我们的掌控。

于是，我们向前探寻，想碰触并拥抱逝者的熟悉意象，却落入他们离去后留下的深渊。我们跌入无尽的虚无，包裹我们的是黑暗与窒息的不确定性，以及源自生命最令人困惑且痛苦的矛盾：活力与青春只是自我安慰的幻觉，生命本就脆弱，连接我们与生命的只是一根捉摸不定的命运细线。无论多么自洽、成功、聪颖，我们仍深深依赖所爱之人。无论如何以专业经验、成熟表现或社会成就矫饰，我们对未知秘而不宣的深深恐惧都无法隐藏；无论知识如何渊博、信仰如何坚定，面对生命不可参透的神秘时，我们都束手无策。

在我看来，这样一头跌入生命的脆弱和神秘无解并被暂时吞噬，就是哀伤。哀伤是一段痛苦迷茫的时期，也有可能成为人生迎向解放、脱胎换骨的机遇之一。

有时，哀伤的咨询者感到无法自拔，向我求助。他们的核心思想是："我觉得出了问题。我爱的人死了，我为此难受了很久。我知道他们死了，为他们难受是应该的，但我实在太难受了。我不能再这样下去了，这样对我没有好处。不是只有我这样想。大家都说我该走出来，回归现实，该放下了。我也觉得我该放下，但我就是放不下。我到底怎么了？"

我这样回答：欢迎来到哀伤者的世界。哀伤不是对现实的偏离，不是分阶段的任务，不会强制你走完一二三四五个阶段再放你回归现实。这就是你的真实人生。失去的不会再回来。你的余生真的不再有那位重要的人陪伴。我或任何人都无法帮你放下，没人能帮你"翻篇"。你也不需要翻篇。你要穿过哀伤，也要让哀伤穿过你，这样，你最终会发现内心有足够的空间容纳它。当你走出这段痛苦时期，不必深究它如何发生，就像你不必深究食物如何消化、营养物质如何传输，也依然能得到健康的供养。你会发现自己有能力用新的方式面对并主导自己的人生。

每当我说出这番话时，对方往往不理解。大部分人不习惯思考哀伤这回事，因此"哀伤者的世界"似乎是个怪异的存在，更不用说敞开心怀去迎接它了。就算已经身在这个世界，我们也很可能浑然不知。

哀伤不一定能被轻易识别。哀伤就像指纹，每个人的哀伤都独一无二。哀伤没有标准，也不是博物学家的研究对象。有人沉浸在哀伤中二十分钟，就像大脑着火般不知所措。也有人的哀伤持续二十年，就像一种顽固的钝痛。有人会因为哀伤短暂而有些分心，也有人会被哀伤长时间占据心智，其间一切思维活动都被迫停摆。有人在哀伤时看似平静，内心却极为痛苦，也有人会大哭大闹但内心麻木漠然。对有些人来说，这样的情绪会汇聚成悲伤，有人则是愤怒，也有人是释然。

哀伤来临时往往带着伪装。我认识的人里，有人短暂地对性失去了兴趣，以为问题出在婚姻，之后才明白这是哀伤。有人开始午后嗜睡，这是哀伤。有人经历失去后多年无恙，却在没有明显刺激的情况下突然坠入严重抑郁，这也是哀伤。突然热衷工作、食欲减退、购物欲甚至盗窃欲激增……任何形式的改变，都有可能是经过伪装的哀伤。有人在哀伤时依然保持冷静，也有人会出现意想不到、迅猛且貌似无来由的情绪变化。有人的各种情绪来了又去，彼此衔接、交织、纠缠、浸染、复合，没有清晰的过渡或明确的指向。

哀伤常伴随着迷惘。当世界上熟悉且重要的一部分从此消失，我们会短暂地迷失自己。这时，我们也许难以区分熟悉与陌生。我记得母亲去世那天，我走进医院急诊区停车场，对周围鲜明丰富的色彩感到讶异，却找不到自己那辆车。

我曾听过有人把哀伤形容为一种残缺——"我觉得自己少了一部分""一部分自我好像不见了""心像是缺了一块"。五十八岁的杰森已婚，曾是一名战场军医。他对我说，这种残缺感让他想到截肢者的幻肢现象：已经失去的肢体出现瘙痒或其他反应。

杰森对我说，父母去世后，他依然会试图拿起电话和他们分享趣闻,这时才想起他们的号码已是空号。他说自己像截肢者一样,想伸手去抓不存在的肢体,且每次都会惊讶地发现它们已不复存在。

不是所有人都会失去配偶、兄弟姐妹或孩子,但只要活得够久,所有人都必定会经历失去父母的伤痛。也因为许多其他的原因,失去父母的伤痛有别于广义的哀伤。这不难理解,因为我们与父母的关系有别于人生中其他的关系。

父母去世,我们会两度经历丧亲与哀伤。即使在极其罕见的情况下,双亲因为同一场灾难(如车祸或火灾)同时去世,我们也会因为性别、顺序、临终细节和我们与他们的关系,触发不同的感受。通常父母会先后离去,除第一次和第二次死亡之间的差异,由于上述原因,我们每个人的体验是不同的。

父母给予我们地球上独一无二的地方——家。倘若我们需要,随时可以回到家里感受爱与归属。从人生开始那一刻起,家便存在于父母的心里、我们的脑海里,在相通的血脉中繁茂生长,根系蔓延,回溯时间的起源。无论父母慈爱或是粗暴,关切或是冷漠,年轻或是年迈,健康或是多病,住在家或是护理院,家都一样存在。它无法被模仿,无法被重建。真正叫作家的地方,永远只有一个。

父母死后,家消失了。无论家在哪里,无论父母在世时家中发生过怎样的事情,失去"叫作家的地方"都是种深不可测的失落,是许多丧亲叙事中反复出现的主题。

如果父母对孩子一向支持鼓励,他们的死亡便意味着这种笃信从此终止。我还记得十五年前一位来访者的哭诉,她在深爱的母亲死后哀戚道:"再没有人那样爱我了。再没有人觉得我不管做什么都很棒。也没有人会为我骄傲、以我为荣,不管我做什么都站在我这边。"

并非所有丧亲者都会这样悲泣。珍视这段关系的人会因为失去而哀伤,厌弃这段关系的人则因为再无改变的机会而哀伤。

有些人年幼时与父母一方分离,没有留下任何印象。但在得知对方去世的消息时,依然会产生强烈的失去感。他们或许会意外地发现,为了重建那个叫作家的地方,自己一生都在编织和解的幻想,而如今再也不可能实现了。

有人在面对无法忍受的家暴时被迫自卫,杀死了父亲或母亲。令人难以置信的是,事后他们也会错愕地感到沉重的失落,因为他们意识到自己期望改善的那段关系已经彻底不复存在了。

大部分人与父母的关系都很复杂,时而愉悦时而可憎,时而温馨时而艰难。当父母死去,一切细节都不再重要。我们叫作"家"的地方不存在了,我们从此开始为失去而哀伤。

在首次遭遇丧亲前,我们对此并非全然无知:我们知道父母有一天会离去,会感到哀伤,接下来的一生都不再有他们陪伴。这段时期又是天真的：我们知道父母会逝去，但对此造成的影响一无所知。我想，《绿野仙踪》中的多萝西应该能想到龙卷风过后一切都会不一样，但她一定没想到，风暴平息后自己会身处奥兹国。

有人曾对我说，父母离世后，像是开始了全新的人生。就很多方面而言，确实如此。第一次丧亲后，无论多努力维持熟悉的生活方式和家庭活动，一切都已经改变。例如，即使在相同的地点用相同的方式庆祝节日，感觉就是和过去不同，因为坐在桌旁的每一个人都了然于心——家里少了一个人。这不仅限于节日时的家庭聚会。有位朋友的父亲嗓门粗大、举止无礼，每次家庭聚会都因为他不欢而散。讨厌的父亲去世多年后，他对我说："爸爸死后，所有节日都不一样了。"

首度丧亲后，太多生活细节就此改变，我们的哀伤就在一次次的骤然觉察中浮现。打电话回家有了微妙的不同，因为有个人不会再有应答。购买节日礼物时也不一样，因为赠礼名单变短了。几乎一切都不同以往。

还有一个显著特征是，双亲中的一位过世，定会影响我们与在世的另一位之间的关系。在新关系中，哀伤可能会逐渐蔓延，或者更准确地说，会延迟。如果双亲共同生活期间一方离世，那么哀伤往往被认为是在世一方的专属。他们的需求和哀伤被放在第一位。成年子女通常要担任他们的协助者，而非首要哀悼者，并且要为在世的长辈处理好财务或家务，还有一些无穷无尽的问题。其他人通常会问"您母亲/父亲(在世的一方)还好吗",而不是"你还好吗"。

丧偶的父母会逐步重建自己的生活,子女也许会觉得他们越来越陌生疏离。当爸爸或妈妈第一次带新的伴侣出席家庭聚会时,节日从此彻底不一样了。

如今父母离婚的情况越来越普遍。如果子女和父母双方都保持着联系,常会出现忠诚方面的矛盾和复杂的探访模式。双亲中的一位去世,意味着难题的终结。孩子可以与在世的父母或继父继母建立新的关系,不再受到另一方的反对。

首度丧亲后,我们走进一段独特的成年时光,一直持续到另一位至亲离去。第一次丧亲会启动一种预期,就像听见预示碰撞迫近的紧急刹车声后等待冲击一样。这种模糊的焦灼通常会持续到父母中另一方的生命尽头,若持续得足够久,可能会演变为轻度抑郁。

父母都去世后,成年时期余下的部分开始了。在某种程度上,第二次丧亲的影响与父母前后亡故的时间间隔以及去世时的情况相关,后者占的比重更大一些。父母去世不是一件单纯的事,但有些情况尤为复杂。有的人对陪伴在床边的亲人慈祥微笑,安详优雅地离去;床边的人则双眼含泪,微笑着目送他们渐行渐远。有的人在昏迷中度过数周乃至数月,耗尽了家庭资源,以及家人的耐心和善意。有的人因为病痛无法舒缓而咒骂医护人员,痛苦地度过最后的时日。有的人病程绵长,因而有机会和子女重温共同的时光与回忆。有的人突发重疾,走得猝不及防。有的人在严重的交通事故或其他意外中离去。有的人选择了自杀。事实上,近年来自杀的人越来越多。

相比于那些父母以积极乐观的心态迎接绝症的人,面对父母自杀,或是更极端的情况时,子女需要更长时间走出哀伤,恢复过程也更折磨。这些与错愕、恐惧、困惑和怀疑杂糅在一起的情绪,强化了艾米莉·狄金森笔下的"铅一般的时刻"①。

我们无法选择父母何时离去、如何离去,但死亡越在预期内、可怕的程度越低,幸存者的哀伤就越单纯。漫长病程中逐步衰亡和骤然激烈的死亡意味着不同的艰难。

父母离去后,我们通常有些情绪挥之不去。从我个人来说,父母去世都带给我持久的遗憾,但感受并不相同。父亲死得突然,在一场重大手术后他再也没有恢复意识。尽管他入院时已经年迈,但我并没有意识到死亡的风险。医生说父亲不会再苏醒时,我十分错愕。当然,就算我对他的死有所预知,也依然难以置信,甚至觉得父亲不是真的去世了。

他去世后,我反复懊丧于他竟然走得那么快。我很遗憾

---

① 原文为"the hour of lead",出自美国诗人艾米莉·狄金森的诗歌《巨大的痛苦后,一种得体的感觉来临》(王家新 译)。

还有太多的话没对他说，太多的问题没来得及问。我很遗憾没有请他给我讲讲他父母的家，讲讲他小时候和兄弟姐妹一起玩的游戏。即使真的有这样的对话，恐怕我也不会觉得满意。从小到大，父亲对我的态度可以说严厉、冷漠。我不认为他会在临终时突然打开心扉，但我依然希望能有机会再试一次。我错过了最后一次深入了解他的机会，永远也得不到答案。

母亲的死就截然不同了。她与岁月的摧残久久抗争，完整经历了衰老最令人畏惧的身心败退。她月复一月地羸弱下去，仿佛在慢步走向死亡，在残酷而乏味的漫长时间里一步步走完看似短暂的路程，从失智走向坟墓。抗生素（在当时算不上什么明智手段）一次次从死神手中把她夺回。如果不用药遏制，她会更快死于难以控制的系统性感染。

在她人生的最后一年，满是无尽的假警报，让我们以为她仅剩下最后几个小时。我曾数次被迫中断和来访者的面谈，与医生通话。每个月，我都有几个晚上在医院急诊室外的走廊里反复踱步，在电话里将孩子们哄睡。这个过程持续了太久，后来我开始调整自己的节奏，仿佛在参加一场耐力赛，而非经历母亲最后的时光。当时的我应该没有这样想过，但如今回顾，由于她的缓慢离去看似永无尽头，我给她的关注实际上越来越少了。

或许我在担心，如果不约束自己的情绪，某种无名的东西会过早透支殆尽,自己将无法撑到这场痛苦考验的尽头。或许是这场持续的戍守让我筋疲力尽,又或许,我对正在发生的状况太过恐惧,因而无法正视。

母亲变得陌生。我不知该如何陪伴日益衰老的她,于是开始减少陪伴。起初,我降低了探访的频率,接着又缩短了探访的时长,后来不再带她回我家吃晚餐,不再带孩子们去看她。简而言之,我不再把她当作妈妈,而是当作一个问题来处理,一个需要照料但不需要太多关注的问题。

直到她去世,我发现我还有许多爱与关怀没有向她表达。我的情绪预算控制得太严苛,剩下了太多余量,全都属于她。我不懂得妥善分配,没能让她得到我全部的爱与关怀,为此我无比遗憾。

父母离世后,子女的典型情绪之一,就是对做过或没做的一些事感到遗憾。我们习惯用"愧疚"描述哀伤,但在我看来它其实更像是遗憾——不是遗憾在有机会做更多时没有做,就是遗憾没有机会做更多。

最近,岳母突发了一场极其严重但不致命的疾病,让我意识到这种情绪的普遍性。我看着妻子、她一众兄弟姐妹和各自的配偶带着关切照料重病的岳母,突然意识到我有多遗憾没能为自己的母亲做更多。那时,岳母望着我们说:"你们说,我为什么会这样?是不是因为我对自己母亲不够好,所以受到了惩罚?"

这世界里满是提醒，让我们想起失去的挚亲和人生中完结的过往。有些提醒可以预料：祭日、生日、节假日，或是重游曾经最爱的度假地。还有一些提醒让我们猝不及防：闻到某种与养老院相似的气味，会立刻被带回父母尚在世时的回忆；听到某首歌的片段，会感觉自己变回了坐在合家度假的篝火旁的孩子；看见染成某种颜色的头发、尝到某种独特的味道、触摸到某种特定的面料——几乎一切都能将我们带回过去，陷入回忆里。那时，哀伤会再度涌起，哪怕只是淡淡的哀伤。

邂逅这类回忆会激发一种渴望，与其称之为忧愁，不如说是怀旧——那是哀伤最安静的回响。不会持续太久，我们的注意力很容易转移，但是当注意力尚在这渴望上停留时，我们将再次迷惘，伴随着淡淡的哀伤。

我在一个双语家庭长大。失去双亲多年后，我仍乐于听见父母在世时常听到的俄语口音。几年前，有一次采购日常用品时，我甚至停下脚步，短暂偷听隔壁通道传来的俄语对话，并乐在其中，像是须臾间回了趟家，之后我暗暗伤感了一阵子。

记忆无处不在。家成为堆积父母遗物的仓库，成为他们的微型人生博物馆。我们留着一盒盒根本不认识的人的照片，都是他们在我们出生前就认识的人。有的盒子里还有祖父母、外祖父母的东西，对他们来说很珍贵，所以一直没有扔掉。

在我们出生前,他们旅行购买的纪念品摆放在家里,这些东西仍轻轻拉扯着我们,哪怕它们早已更像"我们的东西"。日子久了,我们渐渐忘了那些东西本属于父母,但它们却勾起了我们对过去的记忆,提醒着我们的来处,我们曾是怎样的人,以及曾认识、爱过又失去过的那些人。

父母去世往往是我们第一次直面沉重的生命之逝。父母结束了老师的角色,这是自我们生命开始他们一直扮演的角色。从出生起,他们便教我们如何生。而到死去那刻,他们又教我们认识死。

父母的死告诉我们:当所爱之人离去,我们便被抛到可怕的现实中,不再有任何庇护。这时,我们的反应一如初次面对生命本身——像新生儿般惊惧地尖叫,像无法安抚的婴儿般哭泣,像发脾气的幼童般恼怒得面孔发紫、喘不过气。

现在回到之前的问题:哀伤有什么好处?这样可怕的体验对我们有帮助吗?如此深不可测的恐惧能否带来价值,还是只有痛苦而已?

我认为哀伤的体验蕴含了价值。哀伤揭示了生命的无常,提醒我们去追寻重要的目标,不要再耽于来日方长的天真想法;提醒我们与所爱之人的联结有多宝贵,鼓励我们重新审视人生的优先级。哀伤令我们直面最为恐惧的现实,让我们寻找勇气、发现勇气。

或许最重要的一点在于:哀伤如此有力地将我们抛入自

身恐惧的深处,让我们发现自己拥有惊人的力量与深度。无论哀伤带来何种感受,入侵我们身体、心灵和思想的并不是外力,哀伤惊人的能量源自我们自身。

哀伤很吓人,充满戏剧性力量,像雷雨惊扰夏日般颠覆我们的人生。然而,暴风雨过后,总有清扫工作要做,老树被摧折,脆弱的建筑坍塌,某些地方可能仍在闷烧。但和暴风雨过后一样,哀伤过后,我们周遭的空气会再度变清新,呼吸也轻松了许多,我们甚至第一次发现,自己能一眼看到地平线了。

长大

父亲在冬天死去
那年我四十一岁

他床头挂着我画的海鸥
画完成于那年夏天
有一天我大哭
因为鱼线卷入了他船底的螺旋桨

为了衬托他英勇的表现
我没有在医院哭
我努力关注一些小事——
租来的雪靴夹痛了我的脚
走廊回荡着嘈杂的人声

仙客来的花朵

在窗台绽放

映着雪的花瓣粉红

他拉着我的手

唤我他的小女孩

我再也不是任何人的

小女孩了

——帕特里夏·L.斯卡格斯

作于加利福尼亚州奇诺

第三章

我是谁?
父母离去对自我认知的影响

父母去世后,我们生平第一次感觉,自己不再是某人的孩子,余生也不再会有这种感觉,因为父母已不在世间。这一事实带来身份的改变,让人迷惘困惑。许多人会暂时感到迷失。当指引方向的灯塔熄灭——无论我们曾驶向它或驶离它——如今该如何寻找方向?

"个体身份"是个综合概念,每个人都会用"我是……"这个句式来介绍自己。

例如,我会说:"我是一名心理医生。"我的确是。这是一个事实陈述,能让其他人对我稍有了解。我也许喜欢当心理医生,也许不喜欢;我也许擅长,也许不擅长,无论如何,我确实是心理医生。听到自己这样说,我既不会惊讶,也不会痛苦。这是关于我的真实陈述,是定义我身份的一部分。

"我是成年人""我是选民""我是纳税人""我是有水电费账户和贷款的房主",这些都是关于我的客观陈述,每条都对我进行了部分描述,都是组成我身份的一部分。

我的宗教信仰、婚姻状况、年龄、衣着风格、性别、音乐品味、最喜欢的电影、吃不吃西蓝花,一切综合起来会呈现出我是谁,在别人眼中我是什么样子。这些和其他所有与"我"有关的事实,都是用以补全"我是……"这个句式的内容。

自生命之初,身为某人的孩子就是极为重要的一个事实,在此基础上,我们有了最具辨识度的特征——名字。每次自我介绍,我们都会自然而然地说:"我是某人的孩子。"我们的名字在表达:"我是真实的。我与一个家庭、一脉血统、一种传统、一个共同体相连。"

父母去世后,我们生平第一次感觉,自己不再是某人的孩子,余生也不再会有这种感觉,因为父母已不在世间。这一事实带来身份的改变,让人迷惘困惑。许多人会暂时感到迷失。当指引方向的灯塔熄灭——无论我们曾驶向它或驶离它——如今该如何寻找方向?

我不再是任何人的孩子了,那么现在我是谁?

第一次产生"我是个孤儿"的想法时,我吓了一跳。母亲下葬一周后,我在父母的房子里,这个词第一次浮现在我的脑海中。我之所以回去,是因为房产经纪人让我多回去看看。我置身其中,对那种陌生感毫无心理准备。没有灯亮着,没有人走出房间问候我、欢迎我。电视机安静无声,没有熟悉的饭香,取而代之的是一丝难以察觉的轻微甜腐气息,来自霉菌、旧书和干木头。家居装饰都还在,但感觉房子空荡荡的。唯一能听到的是我的呼吸。如果我屏住呼吸,便只剩寂静。

我整理了侧门邮箱下成堆的信件。父亲已经去世五年,寄给他的广告邮件仍多得惊人,有推广信用卡的、推广房屋装修贷款的,还有慈善机构的募款邮件——感谢邮政服务赠予他永生。打开寄给母亲的寿险广告,看到"无须体检"几个字,一时间我都要为这个优惠制度心动了。

我走过一个个房间,手指一路拂过家具表面,在灰尘中留下痕迹。我自在不起来。看上去一切如旧,但一切又都不一样了。我紧张地试坐一把又一把椅子,打开柜子和抽屉,但根本没往里看。

通往二楼的陡峭楼梯比我记忆里的更为狭窄。我走进自己的旧房间,它早已被改成多功能室兼客房。旧壁橱里还有些童年的玩具,几件旧衣物,以及一些早已变得陌生的痕迹。

床已经不在了,我靠墙蹲下,看向窗外,试图复原当年坐在床上的视角。我惊讶地发现,十来岁时在后院种下的那棵树已经长得如此高大。

下楼进到厨房,出于习惯,我打开了冰箱,看见母亲生病前做的冷冻肉卷和面包。我每样拿了一些放在餐盘里,放在小时候一家人吃饭围坐的红色餐桌上,坐了下来。

我毫无食欲地盯着冷冻三明治。我在做什么?我一点儿都不饿，就算饿了，谁会吃冷冻三明治呢？

这肉卷是谁的？在母亲死前，肉卷和我周围的一切都属于她。但现在呢？这是谁的面包？我在用谁的餐盘？谁的红色富美加桌子？我思考的不是有关继承的法律问题——我不觉得姐姐和我会争夺剩下的这些东西。我只是有了一个古怪的念头：这些东西现在不属于任何人。我吃东西要获得谁的许可？

我想，当拥有者死去后，什么东西是未被丢弃而被遗留下的呢？那时，我第一次听见自己默念一个词——孤儿。

面包、肉卷、餐盘和我周遭其他的东西都被留下了。我也被留下了。孩子以独一无二的方式永远"属于"父母，但我不再以这种方式属于任何人。

我已经是孤儿了。

孤儿？

我不可能是孤儿。《绿山墙的安妮》中的安妮是孤儿，大大的眼睛，可爱的脸蛋。《雾都孤儿》里的奥利弗是个孤儿。"求你了，先生，能再给我吃一点吗？"这才是孤儿。我怎么会是孤儿呢？我又不是孩子。

但是，再没有人会说我是他们的孩子。那些我出生时在场的人，那些目睹我迈出第一步、听我说出第一个字、上学第一天送我的人，那些在我第一次借走家里的车后紧张得在房间里踱步的人，都已经离去了。再没有人能细数我生活中的细节和家族的历史,因为我不再是任何人的孩子。

肉卷、面包、餐盘、桌子、餐厅、房子,还有我,全都不属于任何人。

我没有特别觉得自己像个孤儿。我常听到与父母关系生疏的人使用这个表达。我没有特别觉得自己"像"任何什么,只是觉得害怕。

这令我不解。我为什么害怕?为什么有种失去保护的陌生感觉?从青春期开始,我一直很独立,自给自足。父母已经多年不曾供养或保护我。事实上,之前的六七年里,他们一直依靠我来做决定和打理一切。然而,我依然有种陌生且突兀的失去保护的感觉。

我的人生有过许多变化。从"我是一年级生"到"我是二年级生"算不上什么颠覆。"高中毕业"时,我也已经有了充足的心理准备,没有太多意外。"我已婚""我有驾照了"当然都是重要转变,但也没有什么意外。

"我是个孤儿"和我经历过的所有变化都不一样。

一生中,我们的身份不断形成、组织、重组。最初,我们的身份、兴趣和偏好很大程度上受到父母态度、品味和传统的影响。后来,在个体发展的各个阶段,我们的身份、兴趣和偏好渐渐与父母的观点和理念产生碰撞。"我和他们一样"变成了"我和他们不一样"。

来到成年,我们构建了属于自己的身份,某些方面和父母的身份相似,某些方面和父母的身份迥然不同。

成年后,父母就像汽车后视镜,让驾驶更安全。在我们驶向未知时,他们让我们看到自己去过哪里、曾是什么样的人,从而更明白自己要去往哪里、成为什么样的人。

父母离去后,与其说是后视镜不见了,倒更像是看向后视镜时发现什么都没有。当前方是未知、身后空无一物时,人要如何寻找方向?

缺少这些信息的情况下,我们要如何补全"我是……"的句子?

我认识一个名叫汤姆的男人,他三十八岁,三年前,他失去了双亲。婚后,汤姆的父母一直生活在宾夕法尼亚州中部的一个工厂小镇,住在一幢小房子里。这是一对恩爱的夫妻,他们精心照料家人,积极参与社区剧场和教堂的活动。汤姆是最小的孩子,也是唯一的男孩,深受父母疼爱。他在艺术和体育方面都有不错的天赋,擅长跳舞、表演小丑、画诙谐漫画,人见人爱。他一直觉得自己被深深爱着。

汤姆从小练习各种运动、学习艺术。他对学术兴趣不大,但仗着聪明,成绩倒也不错。高中毕业后,他就读于宾夕法尼亚州州立大学,拿下了艺术学位。他专修油画,漫画技法也相当精湛。他擅长健美操,是学校啦啦队成员。

大学毕业几年后,他和一个姐姐一起搬去了城里,离家三小时车程。他去一家职业棒球大联盟球队应聘扮演吉祥物,并顺利拿下了工作。接下来的十年里,从春季到深秋,他每天下午到晚上都活跃在棒球场里引导气氛,伴随管风琴音乐狂野起舞,俏皮地和裁判员、对手球员开玩笑。局间休息时,人们喜欢看他骑着三轮全地形车在外场飞驰,惊险的时候仅用两轮着地。有时他会趁球场管理员打理场地时,跳下车来表演令人捧腹的哑剧。每场比赛他都会数次走进观众席,用黑色马克笔给球迷们画趣味漫画和传神的肖像。

这是他梦想中的工作,只是体力消耗极大。在炎热的夏季赛季,他还要穿着沉重的玩偶服跳来跳去,有时体重会减少十五磅[①]。不过,这为汤姆提供了发挥其戏剧天赋、个人魅力、超凡体育素养和艺术才华的方式。他热爱这份工作。用他的话说,只要像孩子似的玩闹几个小时就能拿到钱。他是个长不大的孩子,可爱得毫不费力。

汤姆对自己的工作身份很淡然。除了在球场工作、为球队站台外,他生活得悠闲自在。他每年有六个月假期可以自由探索人生的其他可能,但他并没有太多动力。虽然读了油画专业且一度非常热爱,但他似乎更愿意把热情投注在对爱情的征服上。他偶尔也画油画,但在非赛季的大部分时间都

---

① 英制重量单位,1磅为453.59克。

泡在家附近的健身房里锻炼肌肉。

有一天,汤姆的妈妈打来电话,说因为背疼住院了。一开始,汤姆和姐姐们还觉得她有些小题大做。过去几年,她对各种疼痛的抱怨越来越多,不过她一直都有点疑病症,所以大家没有太当回事。

汤姆一直很喜欢回家,每个周末都会去医院探望妈妈,哄她开心。一个周六下午,他们正打着纸牌,妈妈那位满头白发的医生匆匆走进了病房,白大褂飘起来。他身后跟着护士和医学生组成的小队,像是被风卷进来的。母亲骄傲地把本地职业联赛的明星汤姆介绍给了所有人。医生检查时,汤姆在病房外的走廊回避,以尊重母亲的隐私。

他感到极为疲惫,虽然说不上来为什么,但这次探访好像辛苦得不同寻常。他靠着医院棕色的瓷砖墙壁,闭上眼睛,想要休息几分钟。不经意间,他听见了病房内传来的只言片语。

他听见医生说:"对,我知道。很疼。记得我和你说过吗?化疗阻止不了癌细胞扩散,但可以减缓扩散速度。我们已经赢得了八年时间,但现在已经扩散到骨骼了。"

汤姆无法理解听到的内容。化疗?骨骼?这家伙在说什么?母亲只是背痛而已。他知道她八年前做过乳房切除术,但他和姐姐听医生说手术很成功,没有任何后遗症,没人提起过癌症复发或化疗的事情。

医生刚离开，震惊的汤姆立即回到病房，坐在母亲的病床边问："怎么回事？"就在这时，父亲刚好进来。听明白前因后果之后，汤姆哭了出来。

这些年来，汤姆的父母一直背负着一个秘密：乳房切除术没能彻底清除母亲的癌细胞。事实上，癌细胞在手术前已经开始转移了。几次化疗放慢了癌细胞的转移速度，母亲的生存时间超出了医生最初的预判，但她已时日无多。父母说，这些年来隐瞒病情是为了不让孩子们担心。

汤姆终于明白了母亲为何一直抱怨疼痛，他对父母隐瞒病情感到愤怒。也许父母不想吓到孩子，但他和姐姐们已经成年了，不是吗？他打电话给几个姐姐，当晚全家人齐聚在医院病房里。

这是一次痛苦的聚会。汤姆和姐姐们对突如其来的现实感到困惑，除了因为父母隐瞒实情令他们沮丧外，他们也非常担心母亲的病情。父母一遍遍解释，他们只是想做一对好父母。大家紧握着彼此的手，绝望地哭泣。母亲极为疲惫，于是汤姆和姐姐们回家继续讨论，父亲则和平时一样在病房里陪着母亲。

母亲的病情加上父母刻意的隐瞒，汤姆和姐姐们一下子有太多信息要消化。他们决定先搁置自己的伤心，好好照顾母亲，让父亲从长久以来独自承担重负的压力中解脱出来。但要如何消化父母把自己当成小孩的事实？他们一直谈到深夜。

第二天早上，他们去见了医生，医生的态度很悲观。最乐观的判断是，母亲最多还剩一个月的生命。医生可以在一定程度上减轻她的痛苦，但无法带来治愈的希望。

然而，妈妈的表现让他们出乎意料。也许是因为身边有孩子们陪伴，也许是因为性格坚强，不会轻易放弃，也许是因为卸下背负秘密的压力释放出了更多力量。两个月后，她渐渐强壮并好转起来。

就在这时，汤姆的父亲却倒下了。人生的转折就是如此荒谬。他被查出晚期骨癌，没有任何预兆，没有任何提示。是因为多年来背负秘密的压力吗？这已经不重要了。整个世界仿佛都在离奇地崩塌。

接下来的一个月，汤姆的父母住在同一间病房。他们一生直到最后也没有分离。显然，照护和决策的负担转移到了汤姆和姐姐们身上。过去汤姆只需要哄父母开心，这时则要承担起更严峻的责任。整个世界都开始改变。

一个月内，汤姆的父母相继去世，母亲比父亲晚走一周。在两场葬礼上，汤姆献上了充满温情的悼词。

他不再扮小丑，也不再扮可爱。他讲述着温馨的故事纪念父母，心中却充满失落与迷惘。他的思绪不断被一个愈发清晰的念头占据："我是个成年人了。"

他意识到，自己和姐姐们不仅取代了父母作为家庭决策者的地位，而且也是下一批即将被死神召唤的人。在他们抵达公墓时,这个念头清晰浮现出来。墓碑旁树起了帐篷,为哀悼者遮雨。帐篷下有三把为他们准备的椅子,他们各自坐下。

当地海外战争退伍军人协会的军号手奏响哀乐,乐旗队拾起父亲棺材上的旗帜,叠成一个完美的三角形。之后,一个制服笔挺的士兵转过身来,走向汤姆和他的姐姐们,敬了个利落的礼,呈上旗帜。汤姆和姐姐们面面相觑,不知该由谁来接下这份荣耀。最后,汤姆站起身来接过旗帜。他满脸泪痕,心想:"这就是成年人的感受吧。"

他从没想过自己要在没有父母指引的情况下,面对今天这样艰难的时刻。尽管许多朋友站在伞下对他露出悲伤的微笑,汤姆却感到无依无靠。

第二天,他开车驶在回家的公路上,被这种孤立感填满。他看着高速行驶的车辆,每一辆都载着乘客——刚发生在他身上的事,他们一无所知,无忧无虑。他感觉自己和世界脱节了。后来,他对我说:"你和兄弟姐妹或许很亲近,但父母才是大陆。那时的感觉就像大陆沉入水里,消失了,突然只剩下自己,不再附属于大陆,成了一座岛。姐姐们是另一座岛,我们之间用桥梁连通。"

这样惊人的觉察,能与他分享的似乎只有父母,能带给他安慰的也只有父母。多年以后,他仍有一种冲动,想要给他们打电话分享"父母去世"这件可怕的事。他希望自己能与父母好好谈论他们的死亡,就像过去谈论许多事情一样。他怀念他们,也怀念他们的睿智。

第二次发表悼词后的几周,汤姆开始意识到自己只会越来越老。他计算着自己的年龄,正好和他出生时父亲的年龄一样。或许他意识到自己有一天也要死。第一次,他的身份认同里增加了一项——"我终究也是难免一死的凡人"。

父母在世给人一种宽慰人心的错觉:总有人会比我先走一步。这种错觉及其带来的安全感随着父母去世消失得无影无踪。

父母的死触发了我们对生命有限的认知,从而改变了我们对时间的感知。父母在世时,时间是"经过了一段岁月",例如,"我已经活了这么些年""我已经毕业这么些年""我已经结婚这么些年",等等。

父母死后,生命的短暂变成了既定的事实。我认识一位女士,她的母亲在四十岁去世。除了感怀母亲的早逝,她在接近四十岁时开始思考死亡。父母去世时的年龄被我们下意识地视为强烈的信号。一旦父母的生命长度成为已知,大部分人会开始估算自己剩余的时间。

事实上,存在这样一个普遍规律:超过父母死亡年龄的人对自己终将一死有着强烈的感知,强烈程度超过比他们年长但尚未达到自己父母死亡年龄的人。

一旦对寿命有了认知,对时间的判断就会聚焦在"剩余的时间"上。这些念头开始浮现:"我还有多少年就要退休了""我年纪太大生不了孩子了""我最近要买辆车",等等。这类念头带来急迫感和孤立感,让人与他人变得疏离。

一切看起来都不一样了,感觉也不一样了。即使面对熟悉的人,我们也可能产生不一样的感觉。我们可能觉得自己暂时无法像以前那样和朋友互动,和他人保持联系成了劳神费心的事情。在莱内·马利亚·里尔克的《马尔特手记》里,布里格说:"我不想再写信了。告诉别人我的变化有什么用?如果我变了,就不再是过去的我。如果我变成了另一个人,当然就不再有熟人。我才不会给陌生人写信。"

这种孤立感、变成陌生人的感觉,或用汤姆的话说,变成了"一座不再与大陆相连的岛",正是新身份形成的开端。父母健在时,子女无论年龄几许,至少仍然有一部分通过他们与世界相连。而父母去世后,这种连接断裂了,留在世上的子女以从未体验过的方式面对孤独,一部分新的生命从此开始。

父母的葬礼结束后,在短得惊人的时间里,汤姆开始变了。他对自己之前消磨人生的方式越来越不满。嬉闹的工作不再能带给他快乐,于是他辞掉了扮演吉祥物的工作。他在公寓里收拾出一个房间作为画室,开始在大幅画布上作画,画的往往是之前约会过的美女肖像。他告诉人们,决心做一个自由画家。

到了年底，他在洛杉矶结识了一位经纪人，参加了一项重要的全美艺术大赛并赢得奖项。他在纽约一个知名画廊办了场名为"汤姆的女性"的画展，展出他给模特和刚出道的明星们画的肖像。她们曾经只是他想要征服的客体，如今是画作中复杂且迷人的女性。

如今，汤姆仍在发挥各项优越天赋，但他开始严肃对待自己艺术家、成年人和男性的身份。他仍去健身房健身，和漂亮女性约会，像孩子一样嬉闹，但一切对他而言都不一样了。他开立了退休金储蓄账户，购置了电脑设备以发展商业艺术服务。他把作品集寄给了数百名全美各地公关公司的艺术总监。

汤姆不再只是取悦他人，那是在棒球俱乐部担任吉祥物的往事了，那时他还是父母最喜爱的小儿子。他在真正意义上脱下了玩偶服，摘去了小丑的羽毛面具。如今的他卸去伪装，成了真正的自己。

有朋友认为他不再是过去的汤姆了，还有人说他终于长大了。由于我们的文化无法定义丧亲对成年人的巨大影响，所以没有一个人说："这就是父母去世带来的影响。"

的确会这样。自我定义及相关行为的改变往往紧随着父母去世而发生，但成年子女不会有意识地把这种改变与父母的死联系起来。变化仿佛是自然发生的。"父母死了，我要换工作，认真生活，成为艺术家"，这样的念头从未出现在汤姆的脑海里。事实上，当我指出他在父母去世后的变化前，他完全没想到一切竟和父母的死有关。他说："我以为自己只是长大了。"

正如汤姆的经历，父母去世让人直面现实：死亡绝不是只发生在别人身上的事情。于是人们往往会产生紧迫感，开始追寻此前被忽略的重要人生目标。远大的抱负此前因为我们罔顾生命短暂的事实被搁置了，直到此时才显现出吸引人的新价值。很多人因此决定结婚或离婚、生孩子、重返校园、储蓄退休金，或者和我一样开始写书。

然而，丧亲之痛带来的不一定是积极的改变。有时在刺激下，人的成长会与社会规范背道而驰，让他人感到不悦。就定义而言，改变并不意味着进步。成长未必是一条笔直的阳光大道。使一个人成长的，也可能使另一个人退行。

我的朋友帕特里克在近五十岁时失去了双亲。父母去世之前，他是完美的高贵绅士，谦恭有礼，衣着老派优雅，发色维持得一丝不苟——显年轻的棕褐色发丝梳理得整整齐齐，太阳穴附近挑染的一缕优雅的灰白更添平衡感。他是个同性恋者，向来举止低调得体，并不曾冒犯父母和朋友们。

为了自己坚信的理念，他投身于志愿工作，受同事、朋友、邻居的喜爱。在所有传统标准下，帕特里克的人生都堪称成功圆满。

他和父母关系亲近。父母生活在城镇另一边的老宅，他和兄弟们都在那里长大。除了一家五口外，他母亲的两个单身哥哥也一直和他们同住，直至去世。

尽管并没有太大必要，但两位舅舅一直给帕特里克一家提供部分经济支持。在帕特里克小时候，舅舅们对他疼爱有加。

随着父母日益年迈，帕特里克开始与他们共度周日，带他们去教堂，然后在父母家共进晚餐。他倾慕的父亲是名退休公务员，敬爱的母亲是位严谨专业的护士，直到七十四岁才因为丈夫的健康状况恶化退休。

帕特里克和两个兄弟没有太多联系。他们都生活在外地，对帕特里克的性取向感到尴尬和抗拒。

父去世亲后，帕特里克更加关怀母亲了。他帮她打理财务，她继承了两个哥哥的毕生储蓄，加上丈夫的保险金，是一大笔钱。每个星期天，帕特里克会陪她去教堂，然后去看望附近的老朋友们。他陪她去了一趟长达六周的爱尔兰之旅，住在和母亲一直保持联系但未曾谋面的亲戚家，还探访了祖辈移民前的故居。这对帕特里克并不容易，因为母亲的身体状况不佳，但他全程对母亲无微不至，没发过一次脾气，也从没对她的慢节奏和健忘表达过不满。他始终秉持着一个想法："我是个尽心、有爱的儿子。"

从爱尔兰旅行回来不到一年，他们达成一致意见，母亲卖掉家里的老宅，搬入帕特里克家附近的助老院。然而，她搬进新寓所不久就因为摔倒导致髋关节骨折，并在手术中不幸去世。

有好几个月的时间，帕特里克都非常悲伤。在看似无关的对话中，他也会毫无预兆地情绪崩溃。他频繁提及父母的死，也开始谈论自己的死，还购买了养老院的保单。他消瘦得厉害，不得不购置新衣服。

也正是因为那些风格突变的新衣服，人们才意识到帕特里克不一样了。过去他偏好低调的色彩和宽松尺码，如今却穿上了色彩明亮的紧身衣，而那些衣服更适合比他年轻二十五岁、体重轻五十五磅的人穿。

他打了耳洞，戴上一枚钻石耳钉。他买了一枚硕大的图章戒指、一辆崭新的红色跑车、一幢新房子，并给新房选择了维多利亚式家具、东方地毯、天鹅绒印花墙纸和装饰镜面。他还新买了一张带有黄铜床头板的大号双人床，床头挂了一幅巨大的年轻裸男油画。

过去，帕特里克常去夜店，但总是独自一人。如今，他开始带年轻男性一同出行。他大手大脚地把钱花在招摇浮夸的同伴身上，对方则乐于帮他一掷千金。而一回到家，他便立刻对他们失去了兴趣。

虽然父母按照罗马天主教的信条把他养大，且他在大学完成了获得神职身份的必要学习，但他不再去父母的教堂做礼拜，并放弃了原来的信仰。他开始去当地一家圣公会教堂，以免自己的未婚身份和性取向受到过多谴责。

过去他一直是社会进步的支持者，如今政治态度却变得保守，在种族、阶级、性别平等的议题上甚至背离原有立场。他加入了早几年令他嗤之以鼻的精英主义兄弟会组织，开始接触与青壮年时代截然不同的社交圈。他生在一个爱尔兰裔美国家庭，一家人毕生都是民主党，父亲还在民主党连续执政的市政府担任公务员，但帕特里克却向我吐露，他把选票投给了共和党人。

然而，对于上述变化，他似乎无法坦然面对。他像个青少年，情绪总在狂喜和绝望间来回摇摆。或许他是悲哀地想到："如今，只有我自己说了算了。"

一直以来，帕特里克和我的衣服都是请洗衣房的一位老太太清洗。在他开始转变后近一年，某一天帕特里克不再去洗衣房取衬衫了。老太太责怪他有太多衬衫压在她那里，占据了小店太多储存空间。他竟前所未有地暴怒道："我的东西想放多久就放多久，别对我指手画脚。你无权告诉我要怎样做。你又不是我妈！"

人们倾向于把这种行为和风格的突然改变归因于"中年危机"，或是推断帕特里克因为过于哀伤导致了人格崩溃。但我不这样认为。

除了悲伤外，父母的死还会带来一种解脱。当我们活得比父母更久，最终都能从一些行为冲突中解脱：出于爱和尊敬，我们或许曾把年迈父母的许可看得极重，因而自我约束，但这种约束从此消失了；我们或许曾认为必须充分表现自我，彰显和父母的不同甚至不被父母接受的个体性，但这种内在压力也从此消失了。

有关中年危机的文献很多，持贬抑态度的不在少数。我却怀疑中年危机也许是丧亲后身份重建的另一种表现。人们可能会出现这样的想法："我终于自由了。我不在乎任何人对我的看法。别人怎么想我都无所谓。就算他们对我不满又能怎样……去告诉我父母吗？"

父母去世是重大事件，它可能激发某些人的成熟和创意，也促使另一些人重新拾起未竟的青春期。或许父母去世对一些成年人来说就是中年危机。

在某种程度上，中年丧亲确实会导致身份危机。无论具体细节如何，父母健在的人生和父母双亡的人生就是不一样。在两种状态间的过渡时期，我们用于表达"我是……"句式的内容发生了改变。

我觉得，这种过渡对应着我们出生时的状况。我们曾非自愿地被排出子宫，硬生生从熟悉的环境中剥离，面对完全陌生的环境。经历了成为成年孤儿的转变后，我终于理解为什么人出生的场面总是混乱不堪，为什么大部分婴儿是哭着来到这个世界的。

老人说，人在父母离去后才会真正长大。也许事实正是如此。植物的茎干枯萎后，它曾支持、滋养的果实才终于"成熟"。或许人也是如此。在父母去世后，人才能真正知道自己长大后要成为怎样的人。

爸,我做不到

(纪念我的父亲大卫·马库斯,1905—1991)

那是个周四
我不得不在报纸上张贴广告

对你一无所知的人会来看
或许有人将它买下

我得租辆新车
不能继续开现在这辆破车
否则会被误认为是个嬉皮士

车的挡泥板生了锈
后备厢还放着你的东西

可我把车送检

尾气检查竟然通过了

我续上你的汽车保险
又加了一年

天啊,爸爸,我好开心
就算它永远不会成为古董车

我开着你那辆一九七四年的道奇车
在过世十个月后
你又活了过来

——伊莱娜·斯塔克曼
作于加利福尼亚州核桃溪

第四章

在熟悉的地方再见
失去之后,联结仍在

> 我意识到,无家可归的我们永远也脱离不了家的牵扯。认识的人、爱过的人和爱过我们的人成为恒久的存在,串联起我们不断变化的人生。

父母去世前，我从没想过逝者会在丧亲者的人生中继续扮演重要角色。当时我还很天真，以为生命有道理可言，宇宙由理性掌管，尚不明白生活的细节会在我们心灵中占据多大的位置。

我曾笃定地认为，若某人死了，就彻底死了——不会再传来音讯，至少不会传到这个世界上。

如果当时有人在来做心理咨询时对我说，他是和死去的父母一同来访的，我或许会曲解为他因为牵挂或思念父母，回想起了过往。我不曾想过，他就是字面意义上地和父母一同来访，清晰无误。

小时候，我曾见证记忆的永恒。在我出生成长的社区里，包括我父母在内的大部分老一代都是移民。二十世纪三十年代至四十年代初,因为躲避纳粹,他们移民到美国。我父母认识的所有人都是从其他国家来的。

家里说的、广播里放的,都是英语之外的语言,有俄语、立陶宛语、波兰语、匈牙利语。滋味丰富的卷心菜汤和充满异域风情的香料炖菜蒸腾出香味,深深渗入墙纸和木制家具里。在炎热的夏日,无论灶头煮着什么,房子里都盈满这种味道。家被装点得仿佛异国,墙上悬着褪色的挂毯,书架上摆满陈旧的书籍,上面印着无法辨认的文字。

几乎每间客厅里都有一个僻静的角落,摆着一张小桌子,桌上覆着精致的蕾丝桌布或桌旗,摆满了华美的相框,里头是褪色的照片,照片上的人神情严肃,衣着正式,或坐或站。那些人和那些场景被统称为"那个地方"。离开"那个地方"是多年前的事了,但从未被彻底放下。

"那个地方"不时会寄来一个半透明的蓝色薄信封,地址写得一丝不苟,贴着异国邮票。人们会热切地聚在一起,有时也不乏感伤。他们用抑扬顿挫的母语朗读并讨论家乡传来的消息。

我记得有天晚上,母亲坐在红色餐桌旁,用自来水笔在蓝色半透明纸上一行行写着字,笔尖摩擦出空洞的声响。她拿来一个旧相框摆在身旁的桌上,时不时停笔温柔凝视那照片,脸颊滑过泪滴。

他们都以自己的方式爱着美国:自豪地缴税,在每一次选举中投票，乐于在报纸上看到多元的观点。他们一有机会就对在这个国度获得的崭新的自由表达感激，提醒我们这些生在这里的后辈珍惜自己的幸运。

虽然他们远离的祖国已经发生了天翻地覆的变化，但他们仍与故乡的土地、亲人、风俗、饮食、音乐、语言和生活方式保持着长久的联结。

他们会在收藏的照片里找到某个远亲，一遍遍讲述他的故事。我当时听得备感无聊，克制着自己，以免露出失去耐心的神情。

我曾困惑，为什么他们能在爱着美国的同时又深深植根于另外的时空——一段过去的时间，一个不复存在的空间。我曾疑惑，他们为何能同时停靠在过去和当下。

一个小男孩显然不明白，那些物件和它们唤起的回忆就是故土留给他们的全部痕迹。他们在那里长大，受到家中长辈的庇护，在那里得到过纯粹的快乐。简而言之，那里是他们的家。

我爱的人以及爱我的每一个人，之前一直和我一起住在那幢房子里。我没想到这一切会改变。我没想到终有一天，所有人都要离开自己的根。那时的我还不明白，无论是自愿还是被迫，无论是为了追求美梦还是逃离噩梦，无论是为了走向未来还是走出过去，离开那个叫作家的地方会在心上留下不可磨灭的印记。

双亲去世后,我开始明白所有人终将无"家"可归。如今的我和他们一样,在快速发展的文化和社会中成长,时常觉得自己格格不入。我意识到,无家可归的我们永远也脱离不了家的牵扯。认识的人、爱过的人和爱过我们的人成为恒久的存在,串联起我们不断变化的人生。

我们都会在脑海的角落里藏着一些回忆,纪念着自己认识的、心爱的、珍视的人们。这些回忆就像相框里的老快照,摆放在覆盖精致桌布的餐桌上,需要小心保管。它们会让我们知道自己还存在。

很多失去挚爱的人曾告诉我,总会有些具有个人意义但不合常理的事情发生,以某种形式超越死亡这一物理事实,让他们与逝者再次产生联系。

几年前,我有个名叫瑞秋的来访者,是个雕塑家。她来找我咨询,是因为她在父亲过世后彻底失去了创作的信心。那种感受就像是"被冻结了"。她接到了一个委托项目,随着截止日期越来越近,创意障碍越发成为一个严重问题。

她总是定期来访,有一天,她坐在常坐的椅子边缘,说想告诉我一件怪事。"怪"是她的原话。

"怪?"我问。

"真的很怪。"她说。

"有多怪?"我问。

"我都怕你觉得我疯了。老实说,我也不知道自己是不是疯了。"她说。

我确信她神志非常清醒。于是我说:"没事,就算真的疯了,我也能应付。"

她笑着靠回椅子里。我突然发现,之前从没见她真正开怀大笑。不知道是什么使她开始融化了。

坐等她开口讲述时,我还注意到她与往常的整洁得体不同,双手沾了污渍,头发也显得有些蓬乱,穿着一条脏兮兮的连体裤。

"我找了个包工头,请他帮我重新装修房子。"瑞秋说,"还有,我一直在做一个委托项目,一连工作了三十六小时没有停。"

我想起第一次咨询时,她说自己遇到了创作障碍,不过她知道只要能开始动手做点什么,就能很快打破僵局,找回工作状态。做什么都行,事情本身不重要。她曾说:"就算是重新装修房子,也可以把我调动起来。但是我没钱装修房子。项目做不出来,就没钱进账。"

瑞秋伸了个懒腰,站起来,踱着步说:"上周五是我的生日,我想,如果爸爸还活着,一定会打电话给我,我们会出去散步,聊聊创意卡壳的问题。于是,我决定去以前和爸爸常去的路线徒步,假装他就在我身边。这不太容易,但我还是穿上了他的旧猎装外套,开车去了自然保护区。反正离我家只有几英里远。我想试试看。"

她坐回椅子里，沉默了一分钟，盯着双手，搓去手上的污渍。然后小声说，当她到自然保护区时，停车场空空荡荡，只有一堆堆红黄相间的落叶，在风的吹拂下散落得到处都是。她下了车，注意到在她车门旁的地面上有奇怪的东西，那是四枝玫瑰花茎和散落一地的花瓣。她说，看上去像是游客刚刚丢弃的。

"看见这几朵花，我就开始哭了。你知道吗，以前每到生日，爸爸都会给我买四朵玫瑰。当时的感觉就好像他在对我说：'看，我来了。我可没有忘记你的生日。'"

瑞秋走了一个多小时，想念着父母，也思考着当下的困境。回到停车场时，她还沉浸在失落和悲伤中。这时，她注意到车旁还有之前没注意到的东西。

"我发现了这个。"她说着，犹豫地从裤子后的口袋里抽出一张象牙色的纸片，脏兮兮，皱巴巴，像是从旧圣诞贺卡上撕下来的。纸片上写了字，字迹清晰，明显是女性的字体：

你想装修客厅，砌一道墙，包裹起管道，重新刷漆，我们觉得这个主意很好。既然要装修客厅，不如把窗户和露台那里也整修一下？

另附一张圣诞支票。爸爸想给你添点预算，让你把客厅装成自己喜欢的样子。

永远爱你的妈妈

我抬起头,和她对视了一阵。她接着说:"我开车回家,一路上有点恍惚。到家时,邮递员刚刚来过,留下一张通知单,要我去邮局取挂号信。那是爸爸以前的股票经纪人寄来的,里面有一张一万美金的支票。爸爸以前持有的债券到期了,我都不知道他买过。"

她吁了口气,双臂伸过头顶,满足地弓起背:"于是,我重新装修了房子,找回了工作状态。怪吧?"

"是很怪。"我说。

我们花了好一会儿聊她的感受。她不仅觉得和爸爸重新建立了联系,还觉得自己再次得到了他的帮助——实现的方式很神秘。瑞秋从未遇到过神秘现象,她感到茫然,不知道要如何理解那天的神奇经历。

我们聊了很久。她讲了很多,关于她爸爸、他们的独特关系,以及他继续参与她人生带给她的震撼。

我对她说,虽然这样奇特的情形超出了日常经验,但却常发生在丧亲的人身上。有时候,人们会在奇怪的地方发现某种物品,将其解读为所爱之人传来的信息。还有的时候,人们会发现动物的奇异行为,或许是蝴蝶飞过墓地,停在神职人员的肩头,或许是鹰盘旋嘹唳着飞向高空。在哀悼者们眼中,这是逝者的灵魂回来了。

我们对这类"怪"事背后的原理感到好奇。我告诉她,这不是丧亲者独有的经历,我也有过类似体验,但与父母无关,而是关于另一次重大失去——我姐姐的去世。

那是一九九一年,在夏天最炎热月份里最炎热的一个工作日,我一如既往经历着一个心理医生普通的一天。有很多来访者要接待,我的日程排得很满。每场咨询结束,我都会与来访者道别,送走他们后关上门,回到桌前,做一些归档用的笔记,再去候诊室门口请下一位来访者。当天这套流程已经重复了几次,没有什么特别的事情发生。

十一点,一对中年夫妻如约出现在候诊室。这是他们找我做的第三次婚姻咨询。前两次,他们各坐在候诊室一头,眼神空洞地望着彼此。这次他们却并肩而坐,盯着角落里的什么东西发愣。

我望向他们看的方向,那里有张小桌子,上面有只荧光绿的螳螂,看上去至少有九英寸大,它正安逸地坐在一本杂志上。

之前我也见过螳螂,但都是棕绿色,身长不过四五英寸,栖息在树林而不是城市中心写字楼二十层的候诊室里。

我请这对夫妻进入诊室,想着要如何对待这位引人瞩目的不速之客。我缓慢小心地拿起它停歇的杂志,带着它走进走廊,不知道接下来要怎么办。我平时对昆虫不怎么感兴趣,但这只亮眼的昆虫吸引了我的注意。我把杂志凑在眼前,它好像正在和我对视。

我盯着那一对复眼看了一分钟左右。突然传来"叮"的一声，附近的电梯门打开了——并没有人按电梯，至少不是我。螳螂突然从杂志上跳进了电梯，门慢慢合上，它停在轿厢后部的铝扶手上，像在回头看我。魔咒解除了，我拍了拍手，像是完成了一个任务，重新走进办公室，全神贯注地投入工作。我有好一阵没再想起这段奇特的插曲。

五天后，我照例在星期天打电话给姐姐，但她没接。从早到晚，我在她的答录机上留下了无数条留言，她都没有回。我知道她没有出城，不然一定会提前通知我。我不知道她去了哪里。

她一个人住，所以我有些担心。我不是个爱操心的人，但姐姐从没失联过这么久。我打给姐姐的房东，那位女士说已经好几天没见过姐姐了。我开始担心出了什么事，最后报了警。我和警察一起走进她的公寓，发现她穿着睡衣躺在床上，已经去世了。房间里井然有序，看上去她是在睡梦中安详离世的。验尸官判断她死于五天前。

当时，我感到震惊、迷惘、害怕又悲伤。这是自然的，毕竟这件事超出了我的理解范围。父母去世后，我和姐姐变得更为亲密。我无法相信接下来的生活里再也没有她了，也无法想象她会离开，而且是突然间不告而别。

然后，我想起了那只螳螂。之前，我从未把姐姐和昆虫联系在一起。螳螂出现在候诊室时，没有任何线索让我想起姐姐，我甚至不知道她去世了。但是，在我想起螳螂的一瞬间，顿时明白，那个上午与我在候诊室外的走廊里对视的，正是姐姐。想到特立独行的姐姐选了这样浮夸的化身，变成一只色彩明丽的大昆虫来与我道别，我不禁微笑起来。

这些年，许多经历了丧亲的人们告诉了我太多类似的"怪"事。我很荣幸他们选择讲给我听，这类冲击难以言说，因此人们不会轻易分享。究竟要如何描述市中心写字楼二十层的一只荧光绿螳螂带来的心碎，或是生日那天散落车旁的玫瑰花瓣带来的力量，同时不让人觉得你在发疯呢？

我们很少会告诉他人这样的故事，所以兀自认为这类经历独特且古怪。我们把这些故事装在心里，虽有些许难为情，但仍隐秘地笃信，是逝者来看我们了。

那天，瑞秋和我谈了许久，我们因为共通的经历对彼此产生了一种特别的亲近。几个月后，她寄给我一个小型的螳螂雕刻作品，还附有一张字条："谢谢"。

将这类独特经历形容为"怪"，有种未经琢磨的精准。"weird"（怪）这个词源自古苏格兰语/盎格鲁撒克逊语里的"wyrd"，意为"命运"，也是希腊罗马神话里掌管人类命运的三女神之名。我想，或许这样的怪事正是来自生命的提醒：人生由不受自身控制的力量决定，超出了我们的理解能力。怪事或许可以看作某种建议：应臣服于掌管万物的不知名神秘力量，相信它会在我们惊惧心碎时给予慰藉，不要妄图凭借有限的认知勉强给出自以为是的解决办法。

有时父母不是从"那边"传来消息,而是亲自到访。这常常发生在我们沉睡时。他们在梦中出现,对我们说话。失去父母的人常会讲述这样的经历。从种种意义上说,亲自到访和其他形式的间接降临一样"怪"。做梦的人通常会感到很困惑,因为梦中的父母模样和声音往往比记忆里的更年轻、更健康,同时他们在梦中也明白,父母已经死去。

波琳三十岁,正在读研究生,二十多岁时经历了第二次丧亲。她描述了一个梦境:

> 我梦见自己走过电话时,铃声响了。我接起电话,是爸爸打来的,声音听上去好像他正坐在床边和我说话。
>
> 他说:"嗨,波琳。"
>
> 我说:"爸,你为什么可以打给我?"
>
> "噢,我在,我在的。"他说。
>
> "你说你在是什么意思?"
>
> 他说:"我在的。听我说,我要一个面罩。还记得你以前打街头曲棍球时戴的那种面罩吗?"
>
> "我打曲棍球的时候不戴面罩。"
>
> 他说:"还是戴上比较好。这种面罩上哪儿找啊?"
>
> "体育用品商店吧,但是你要面罩干什么?"我问。
>
> 他说:"我要去看你奶奶,不想让她认出我。"这符

合逻辑,因为我们一直没把他的死讯告诉奶奶。

我说:"爸,我想见你。"

他说:"你看不到我的,波琳。但你要知道我一直在你身边。"

我感觉他吻了我,然后我醒了,梦结束了。从那以后,他一直在我的生活中。无论我去哪里,他都在我身旁。

我也做过这样的梦,但没有这么完整。有天我一大清早惊醒,情绪很激动,因为刚刚梦到了父母。梦的细节我已全然忘记,房间里只留下我的哭喊声:"够了!"我担心有可怕的事情发生,想要尽快去给他们扫墓。当时的我不明就里,但就是认定了要这么做。

我取消了当晚的安排,下班后驱车去了位于城市另一端的公墓。我不知道自己想看到什么,也不知道会遇见什么。在车道尽头的树下停好车,火都没熄就跳下来,跑向父母的坟墓。当我看到他们的墓碑、确认一切无恙时,突然想起了让我惊醒的那个画面。一片黑暗里,墓碑被推倒,刻着字那面倒在潮湿的泥土里。坟被挖开了,里面空空荡荡。这个梦把我吓坏了,因为它让人联想到一种骇人的可能:我的父母不知怎的逃出了坟墓。他们可能没有死,这意味着我可能再次失去他们。正是这念头让我大喊"够了"。

我放声大笑,松了口气,因为答案找到了,同时也感到欣慰：原来父母仍和在世时一样，敦促着我自己寻找答案。这一次我认识到，失去双亲的痛苦虽然永无止境，但这件事本身已画上了句号。

也许一切有关逝者的梦境都是让哀悼者安心，使其不必重复经历失去亲人的痛苦。或许这类梦境呈现了我们内心渴望：不要再受制于无情的时间。无论梦境的本质是什么，它们总是无比鲜活、生动、令人信服。人们讲述这类梦境时常说，"那边"的人在呼唤他们，感觉父母再次回到了自己的生活里，哪怕只有片刻。

与过世的父母产生交流，不限于梦境和隐喻式的来访。有人对我说，当一些不可思议的事发生时，他们能感到父母直接介入了他们的生活。我的一个朋友周末要举行婚礼，天气预报说整个周末会持续降水，但周五晚上雨突然停了。这时，她发自肺腑地说："妈妈、爸爸，谢谢你们。"

有人对我说，他们和去世的父母一直保持着联系。他们以前就喜欢彼此分享生活，父母去世后他也依然会把每天发生的事说给他们听。据说，这种感觉和真正的对话无异，可以交流观点，分享视角。

还有人可以和去世多年的父母进行充满感情的对话，可能是对未妥善处理的往事的争论，或是索取建议或意见，或是请求对方的首肯，甚至可能是带有挑战意味的独立宣言。

父母持续介入我们的生活，可能会带来裨益，也可能造成困扰。它可能提供持续而有益的鼓励,也可能会阻碍我们成长的步伐。毕竟从小到大,我们有过许多令人满意或不满意的日常互动——他们有时体贴、慷慨,有时不然;有时我们喜欢他们,有时不喜欢。父母去世后,如此复杂的关系怎么会就此结束呢?

我发现,人们有时候会以不同的方式,来解决自己在亲子关系中的疑虑或困难,通过重塑、改写,与想象中单纯化的父母的替身继续维系一种关系。有的人会把已逝的父母理想化,只记得他们的慈爱体贴。就像我的一个朋友,她父亲在一家银行有可观的存款,在她上大学时,慈祥的父亲带她到这家银行,开了生平第一个支票账户。她骄傲地重述了父亲对银行职员说的话:"她永远都不必支付手续费,了解吗?"

然而,几年前,我听到的说法却完全不一样。我认识这个朋友很久了,印象里她总在抱怨父亲的过度控制。她父亲是一位事业有成的实业家,事无巨细地操心女儿每一个人生细节。我清楚记得,她说在满十八岁上大学之前,他不允许她拥有自己的银行账户。很久以前,她对我说,她第一次开户那天,父亲大摇大摆走进银行,一拳砸在银行经理桌上,那是他一贯的硬派风格,而她只能羞怯地跟在父亲身后,感觉丢尽了脸。

随着时间流逝,以及对慈祥父亲的渴望,莽撞的父亲竟变成了英雄,而她自己也从一个受惊的小孩,变成了备受宠爱的女儿。与之相反,我也曾听过有人诋毁死去的父母,选择性构建与他们有关的记忆,保留负面的印象。我的朋友玛丽便是其中一位。五十岁的她是一名专业音乐家,独自抚养两个女儿。她的声音和动作总是温柔又平静,整个人就是"恬淡"的化身。她在昂贵餐厅的私密晚宴担任爵士乐手兼歌手,表演风格一如其人。我们的友谊自成年相识后持续至今。十多年前,她的母亲离世了,距父亲去世只过了几年。我曾见证她哀悼父母,她也参与了我告别父母的过程。我们分享彼此的哀伤,友谊变得更深厚。

母亲去世后,玛丽和姐妹们在殡仪馆举办了两天的告别仪式,并意外地发现这两天竟然过得轻松融洽。母亲在当地生活多年,许多邻居朋友来参加葬礼。玛丽和姐妹们已离开故乡多年,借这个机会,她们与年少时的朋友再聚首,在朋友的陪伴下举行了告别仪式,顺便听了听老家的家常闲谈。

葬礼那天,起初一切顺利,直到玛丽走进圣堂,看见母亲的雕花棺材摆放在正前,周围缀满鲜花。事后她对我说:"那时,我感觉体内迸发出强烈的痛苦,和生产的疼痛一样难以忍受。我好像被扔进了一条大河,里面全是滚烫的岩浆,我快窒息了,极为无助。我痛得差点倒在地上,但只持续了片刻。接着,体内那条滚烫的河像是遇上了冰冷的海水,我的心也变成了石头。"

这感觉来得快,去得也快。玛丽站直身体,深呼吸,继续优雅地走过步道,来到前排铺了红靠垫的条凳旁。她坐下来,把注意力集中在熟悉的圣歌上。管风琴的动人旋律,她在少女时期曾弹奏过无数次。突然,她感到一阵愤怒。

自那一刻起,在接下来的几年中,每当回想起父母,玛丽都沉浸在冰冷、气愤、绝不谅解的仇恨情绪中。她用伤痛和愤怒层层包裹自己,一有机会,便毫不留情地历数母亲的每一处失败与缺点,指责母亲不够尽责。她责备父亲没能保护好她,眼看着她承受痛苦。

最近,她告诉我说:"那时,我就像点着灯照亮他们的每一个错处、每一项罪名、每一次失职,让自己保持愤怒。"

她继续道:"很久以后我才意识到,虽然当时我很生气,但环绕在周围的竟然全是母亲的遗物。墙上有她的油画,窗上挂着她的窗帘,衣橱里是她的裙子,抽屉里放着她的香囊。我会穿她的衣服,哪怕我根本不喜欢。母亲品味很好,和 *Vogue* 杂志女郎一样整洁体面,我却喜欢时髦的风格。她的衣服对我来说太大了,但我还是穿了一年多。现在回想起来,当时我看似毫不伤心,只是愤怒和不原谅,但我其实是竭尽全力想留住母亲。我用与她有关的一切包裹自己。我生气并非因为她不好,而是因为她离开了我。"

将父母理想化,或许是为了弥补此前缺失的支持与爱而诋毁父母，或许是为了面对没有父母的未来——如果继续爱着父母，未来或许会痛苦得难以承受。

我们有关父母的印象可能会因为需求而改变，也可能会随着记忆淡去而改变。但无论如何，那都是可贵的。有关父亲的印象里，我最喜欢的是一张照片，拍摄于二十多年前。照片里，我们俩肩并肩坐在客厅的皮沙发上。父亲把我女儿抱在右膝上。当时女儿还不满一岁，正抬头望着他，嘴巴大张，身体还是软的。他一只手扶着她，帮她保持平衡，另一只手指向镜头，想把她的视线引过去。

女儿现在二十好几岁了，和照片里已大不一样。她已经结婚，大学毕业后正努力在成人的世界里立足。她不需要我帮助，能自己做决定、自己照顾自己。而拍下这张照片时，她甚至还不能坐直身子。

我也和照片里不一样了，曾经平滑的脸上有了沟壑、皱纹，头发也稀疏了，为数不多的发丝变得灰白。我的身材不如过去匀称，还戴上了眼镜——近视加老花。

现在，当我闭上眼睛，想象女儿和我在一起的样子，看到的不是这张照片里的小孩和年轻男子，而是一位美丽的年轻女性和一个中年男人，这张照片就挂在我家客厅，是她婚礼那天拍的合影。

然而，当我闭上眼睛想象父亲的样子时，看到的还是照片里的他：灰白的波浪卷短发梳向脑后，戴着一成不变的领带，眼周延伸着深深的笑纹。我脑海里的他一点也没有变老。我想象他走动起来，仍是当年的步态。我想象他对我说话，仍是当年的声音。

有时我会想，要是父亲还在世，会怎么看我正在做的事情呢。他会骄傲吗？会批评吗？会觉得有意思，还是会觉得我很傻？我这样想的时候，想的正是这张照片里抱着我女儿的他。那是会倾听我倾诉、对我的生活表示出关怀的人。

如果父亲还在世，应该有一百多岁了。他看起来肯定和以前很不一样，记忆力和注意力大概都已退化，步态和声音当然也会改变。也许他对我人生的种种变化不以为意，但仍会积极参与我的人生，他给我的建议也不会因为他的去世而不同。

我心中保留着很多关于父母的印象。这些印象属于我，是他们留给我的。父亲、女儿和我的合影也是其中之一，就像父母客厅桌上的家人老照片一样。那些照片，以及后来加上的一些挚亲的照片，如今都挂在客厅的墙上。过去是横着摆放的，如今改成了纵向陈列，按代际一行行排下来。每当我站在那里，凝望那些定格的面孔，总为他们带给我的情感冲击而感怀。他们连接着我与过去，也连接着我与未来。

所有丧亲的人心中都有这样的印象，那或许会随着时光流逝而褪色，也有可能我们会选择翻新、整理或是对它们视而不见。我们可以按照自己的意愿处理这些印象，可以悉心保存它们在记忆里的样子,也可以把它们修改成自己想要的样子。我们可以重新装裱,使其从平淡变得华丽,从荒芜变得多彩,从广袤变得有限。我们可以改变它们的样子,从而改变它们的意义。

但我们无法让它们消失。它们永远不会离开我们。

它们就是我们。

树木在每季创造新的生命,在树干中画下年轮。我们爱过和爱过我们的人,也在我们的生命中留下不可磨灭的印记,成为其中的一部分。他们在我们的心中永生,塑造并维系着我们的身份、为人处事的方式。

我并不渴望回到过去,过去是不再存在的时空。但是,我与我的过去恒久相连。父母的身影会出现在照片、想象、记忆和神秘来访里,我的孩子不经意的姿态里也映射着我父母熟悉的痕迹。这些印象一次次浮现,仿佛来自"那边"的意外来信,一次次让我停留在彼时彼地,正如我也停留在此时此地一般千真万确。

我愈发强烈地感觉到自己来自某处,并试图把这种感觉传递给孩子们。在我一次次讲述客厅照片墙上某个远亲的故事时,我很清楚地在他们脸上看到出于礼貌想要专心听讲,实际上却在放空的表情。实际上我也不要求他们集中注意力,我知道他们大概还认为生命有道理可言,宇宙由理性掌管。

我还知道，很多年以后，在我死后的某个瞬间，他们会意外邂逅来访的我。或许我会出现在他们的梦里，或许他们会在某种动物无法解释的行为中感应到我的到来，又或许他们某天早上照镜子时，会在自己的记忆深处看见我疲惫的双眼向他们回望。

到那时，他们将会发现自己与过去的联结，会开始收集纪念品以铭记属于他们的时空，一个不复存在的时空。

余震

你咽下最后一口气的消息传开
你口袋里剩余的铜板
被银行家们竞相争夺

接着会计们检查你妻子的钻戒
记录你儿子演唱的歌一文不值

他们翻找你的车库、花园棚
像饥饿的海鸥
在垃圾堆里翻搜

你的兄弟们撕开沙发寻找金币
羽毛纷飞
他们想要收回遗忘已久的欠款
九日连祷期间

他们打量你的孩子
却被一声声阿门打断

时间流逝

愚蠢的他们推断不出
唯一能瓜分的只有你化作的尘土

——凯瑟琳·维拉德
作于科罗拉多州柯林斯堡

第五章

我们的至爱
人际关系的变化

父母给予我们所有未来关系的基石,即爱、信任,以及建立友谊的方法和能力。父母的死可能改变我们感知世界的角度,以及我们对待爱人、朋友、孩子和兄弟姐妹的方式。

生命伊始，我们尚是附于母亲子宫壁的胚胎。这是我们的第一段关系，没有太多互动，却是实打实地命运相关。我们依靠脐带吸收营养与氧气，依靠羊水获取温暖与安全。这是我们第一次与人接触。父母供养，我们得以生存。

长期来看，手足、同辈、老师以及其他人或许比父母更能影响我们的品味、观点和行为。尤其是到了青春期，同龄人对我们的行为举止、穿衣造型影响更大。但我们对关系的理解、预期和构建关系的经验，在极大程度上取决于小时候父母对待我们的方式。假如我们感受到的是尊重与关爱，便会认为人们就该这样对待我们，我们也该如此回应。假如感受到的是疏忽、残忍、冷漠，我们也会如此对待别人。

父母给予我们所有未来关系的基石，即爱、信任，以及建立友谊的方法和能力。

我的父母认为关系中最重要的是信用。他们都正直律己，答应什么事，就一定要做到；不做某事，就想也不想。假如父亲发现店员多找了钱，他会驱车几英里归还。我还是个小男孩时，认为所有人都是这样，我也应该这样。我不会想撒谎，不是因为我正直，只是因为不知道还有其他选择。

一年级时，我在操场上与人争执，第一次被人指责不诚实。我愣住了，不是因为有人认为我不诚实，而是因为有人认为世界上有不诚实的人。

如今我已是成年人，也终于明白，其他人未必和父母一样永远言出必行，也掌握了特定情况下的语言艺术。但我依然认定，我真诚待人，他人也会同样对我。

我们与父母的关系不仅是人生中第一段关系，同时在我们日后的各种关系中，它都是重要的参照。小时候在家和父母相处的情形，或许是一段温馨的回忆，一种值得复刻、铭记的可贵模式，也可能是糟糕、可怕、要不惜一切代价规避的，又或者介于二者之间。无论如何，那永远是我们的起点，在我们建立人际网络时，它永远是底层的地基。

父母去世后，地基消失了，会有什么不同呢？我们的人生随着父母去世而改变，这往往体现在人际关系上。父母的死可能改变我们感知世界的角度，以及我们对待爱人、朋友、孩子和兄弟姐妹的方式。

改变有大有小，事实上，有些变化细微得难以觉察。但是，即使最细微的偏离也会在未来造成显著的差异。

爱情与婚姻

一九八〇年秋天。一个繁忙的星期六下午，我放下手里的事，去医院探望父亲。前一天，他刚动完手术。我到病房时，他正在沉睡。我挂好外套，寻找花瓶想把带来的鲜花插上。我弄出了一些声响，但他没有醒。我想让他继续休息，自己先去吃个午餐。

这是我人生中一段焦头烂额的时光。从春天开始，母亲就病痛缠身，频频进出医院，难以确诊的疾病逐渐夺去了她的身体平衡能力，使她的双眼无法聚焦，除此之外，她的记忆力与神志也不再清楚。我们都很担心她，接着父亲又意外病倒了，不得不做手术。我手忙脚乱，只能抽时间吃点东西。

去往医院咖啡店的路上，我遇到了父亲的医生。他在停满血压仪和餐车的走廊里拦住我，抓着我的胳膊，对我说父亲正在昏迷中，可能再也醒不过来了。

很难描述这个噩耗带来的冲击。我的身体变得沉重而冰冷，眼睛和嘴巴干涩，头皮发麻。我焦躁难耐，不知道该怎么办——是闭上眼、跑开、蜷成一团尖叫，还是抓着医生狂摇，直到他承认误诊为止。

我什么也没做，只是回到父亲的病房，滑进一张椅子，身旁有台机器正叹息着把液体滴入他的身体。我坐了很久，看着那具枯槁的躯体，只能勉强认出那是我的父亲。

父亲确实上了年纪，但躺在那里的男人可以说是苍老。父亲总是把胡须剃得干干净净，头发梳理得一丝不乱，每天都穿着干净的白衬衫配领带，而眼前这个人满脸胡茬、头发凌乱，胡乱套着一件病患服，露出一边瘦骨嶙峋的肩膀，一点也不像父亲。

那肩膀是如此瘦削，整个人像是从纳粹集中营的照片里走出来的（他和母亲来美国一年后，家族里许多人都死在了集中营）。我把那层薄薄的衣服拉到他肩膀上。

"逃过一次劫难，却最终也没逃过这样的境遇。"我看着他的鼻子，心想。曾经英挺的鼻子如今只剩下两个鼻孔、一抹凸起。

我在那里坐了很久，尝试理解这一切，但思绪不断飘远。我难以集中注意力，心思无法停留在病房里。我的心思和我都不想留在病房。

我想告诉别人，自己的父亲就要死了。我必须回家去。

妻子在门口迎我，我们一同沉默地走进客厅。她和我结婚十一年，有两个孩子。我们的婚姻和其他人大体相似，有许多的起起落落。没错，最近我们正处在低潮期，甚至几次考虑要分开。尤其是在我母亲生病后，我们之间的矛盾也一直在升级。但是我们不断告诉自己，婚姻就是要在艰难时刻，彼此扶持。我瘫倒在沙发里。客厅中央被一张大大的圆咖啡桌占据，她坐在咖啡桌远离我的一侧，双腿交叠。我向她诉说着这不知所措的一天，但她却举起一只手示意我停下。她温和又审慎地垂眼看着地板，说出令人崩溃的宣言：这段婚姻她坚持不下去了。

我停止了呼吸，心想："为什么是现在？"

我一跃而起，踱起步来，手指在背后交握，和我爸以前生气时一样。为什么是现在？她明知我现在的处境，父母的状况都不好。"为什么是现在？"我恳求她重新坐下来，希望她能让步。我们曾说过，遇到难处一定会彼此扶持。

该死，我现在就遇到难处了。

"为什么非得是现在？"我大喊着，又跳了起来开始踱步。父母总会衰老、生病、死去，这是每个人都要背负的，而现在我还要背上婚姻破裂的重负？我感觉遭到了背叛。

我的头要爆炸了，无法思考。

"为什么是现在？为什么是现在？"我一遍遍地问。那时我并不知道这是人们面对危机时最常问的问题。

她没有回答，只是耸耸肩，缓慢地摇了一下头——"不"必多说、"不"能改变、"不"需要继续这场对话。她站起身，拿起进房间时带来却不曾碰过的酒杯，走了。这么多年过去，她依然没有回答。

我始终不知道答案。但从那以后，我了解了人们失去父母后可能会遭遇的各种问题和变化。其中，最令我感兴趣也最意外的是，家人去世，尤其是父母去世，是导致婚姻破裂的一个主要因素。事实上，有经验的婚姻顾问在第一次咨询时就会例行问问伴侣双方是否刚经历家人去世。

然而，了解事情的普遍性，也无助于抚平婚姻失败的伤痛。大部分人并不想知道自己只是普通人，更不想知道自己身上发生的只是普通的痛苦。

想知道一样东西有多牢靠，要看它的抗压力。靠在桌子上，看它是否摇晃，会知道拼接处粘得是否牢固。坐在椅子上，左右摇晃，就知道各个部位嵌合得是否紧密。拉扯一块布料，可以检验针脚和纺织密度。当压力加诸婚姻，会看到婚姻的状态和夫妻之间的关系如何。

盟友之间没有永久的平衡，需要不断纠偏。若要婚姻长久，夫妻双方必须学会合作，施受与共。我的婚姻显然已失去平衡，无法再承受父母病情带来的额外压力。

当然，很多因素都可能对感情生活造成冲击。财务负担、孩子的问题、疾病、工作变动……各种转折和危机都可能成为浪漫关系中的噪音，使关系变得更亲密或更疏远，但父母去世会带来一种难以承受的独特压力。

人们在构建婚姻时，总怀有某种预期。双方的规划、关系模式，必然来自彼此的原生家庭经验。毕竟，父母间的关系是我们了解成人浪漫关系的主要模型。我们以他们为参照，建立了对爱情的判断标准。若我们认为父母的相处方式值得赞赏，便会努力仿效；若觉得他们的相处模式不好，我们会下决心避免重蹈覆辙。无论选择哪一种，最初的设想都来自我们对父母关系的认知。

父母去世后，我们的想法与当初定下的目标可能会产生变化，第一次有机会审视自己的婚姻是否令人满意，而不再力求与父母的婚姻相似或相异。比如，父母不赞成离婚，很多人为了避免父母反对，宁愿承受痛苦勉强维持婚姻，一旦父母去世，婚姻立刻变得毫无意义。或者，眼见父母的生命终结，我们意识到伴侣中注定有一人会落单，与子偕老的浪漫概念开始瓦解。又或者，伴侣一方继承了遗产，权力关系可能因此而失衡。当我们对自己的未来可能性有了不一样的判断，婚姻就会承受巨大的压力。

此外，父母去世后，人会有所改变，之前优柔寡断的人可能变得独断专行，一向有主见的人可能变得被动、冷漠。如果有一方忽然变得非常依赖对方，两人都可能表现出抽离和退缩。偏离熟悉模式会对关系造成压力，关系承压时就会变形，压力超过极限，就会导致关系坍塌。

但坍塌不一定发生在当下。我认识一些伴侣，他们维系关系仅仅是为了熬过父母临终的危机。他们要在兼顾工作和育儿的同时照料患病的老人，满足父母各种需求。千头万绪中，他们只有继续互相支持，才能应付生活压力和经济负担。

然而，当危机落幕、照护强度降低，维系伴侣关系的脆弱纽带也就松懈了。看似是父母离世导致婚姻破裂，但实际上那只是终结了被迫绑在一起的必要性，由此婚姻关系得以自由解体。

有时，一向和睦的关系也会出现裂缝，令人不解。比如凯西，她是一位老师，也是研究伊丽莎白时代文学的学者。她的婆婆在病痛中煎熬了一年后去世，当时她正在西雅图参加学术会议。她想起自己还是小女孩的时候，父亲的父母去世，母亲立刻放下了手里的一切陪伴父亲。她以此为榜样，毫不犹豫地登上红眼航班，飞越整个美国来到北卡罗来纳州，站在丈夫乔治身边。他们结婚已有六年。

所有人都说凯西和乔治是彼此完美的另一半。乔治是独生子，由寡母抚养长大。凯西把他带进了热闹的大家庭，让他得到了渴望已久的陪伴。作为回报，他则给了凯西热闹大家庭里稀缺的宁静避风港与自主权。

她在早上抵达北卡罗来纳，发现乔治一贯的南方式热情好像消失了。当凯西出现在他母亲房门前时，他冷淡地说："你来这里干什么？"葬礼期间，他沉默寡言，接下来的几周愈发冷漠。渐渐地，他对五岁的女儿也疏离起来，正如他母亲的父母去世时，母亲对他的疏离一样。凯西问我，为什么乔治偏偏在这个时候（她说的是"为什么是现在"）切断与她们的情感交流。在她看来，这种改变和他母亲去世没有什么联系。

即使我向她解释,她也觉得无法理解。

"那不可能,我确定。"她说,"他和他妈妈没有那么亲密。说起来,要不是我劝他,这几年他们都不会再联系了。"

乔治母亲的离世给这段关系附加了巨大的压力,改变了关系的焦点。这是乔治和凯西第一次不再需要彼此协助,来填补从父母身上无法满足的需求。如今他们需要以自己的方式回归生命地图,却又成了彼此的障碍。乔治需要一些空间,实践自己儿时习得的哀伤方式。凯西需要效仿儿时看到的母亲,在困难时期陪伴在丈夫身边。这个生命地图的根本差异,既是他们当初紧密结合的原因,也是步调变得不一致的原因。

父母去世并非一定会给伴侣关系造成灾难性影响。有时,感情反而会在这个过程中深化。我认识的一对伴侣在一起原本只是为了分工照料老人小孩,以及应对经济需要。当他们共同经历丧亲之痛后,意外发觉对于彼此的情感和信赖熠熠生辉,两人的关系也由此经过淬炼,获得新生。

此外,还有莎拉的例子。婚礼那天,她走进教堂,在通往圣坛的通道上停下脚步,心里想着:"为什么是现在?"她四十岁出头,在电影广告行业担任临时演员的选角导演。她和父母一直很亲密,每天都通电话,有时一天通好几次。假日和大部分周末,她都在家陪伴父母,或者一同度假。她们一家热爱戏剧和音乐,常在一起歌唱、演绎钟爱剧目的名场面，开怀大笑。

莎拉一直说自己最渴望的就是组建家庭、安定下来，但她一直在和一些"坏男孩"约会，没想过要长期发展，也没想带任何一人回家见父母。这不是她的主动选择，但男人始终被隔离在莎拉与父母共享的生活之外。

就在接连两周之内，莎拉的父母先后被确诊罹患癌症。她当时的男友是一位年轻魁梧的曲棍球运动员，没有分担她的忧虑。他答应要来医院探视，却就此消失。

很多人问她："考虑一下吉姆吗？"

"吉姆？别提他了，拜托！"吉姆既是她的朋友也是同事，他们时常在社交或生意场合遇到，一直处得不错，但她从未把吉姆视为潜在的交往对象。她告诉朋友："他离婚了，还有两个孩子。这就够劝退的了。"吉姆比她大八岁，太过安稳、严肃、普通，让她提不起兴趣。而且，她还在盼望那位曲棍球运动员回心转意。

莎拉的父母确诊几个月后便相继去世了。沉重的打击差点压垮她，她躲在公寓里好几个星期，吃外卖快餐，不接电话，不看邮件，盯着电视，一心期待曲棍球运动员能打来电话，但他始终没有出现。

几个月后，她慢慢回归正常生活。这时她才发现，沉浸在悲伤中不可自拔时，老友吉姆一直关心着自己。他时常打来电话问候，在答录机上留下关心和鼓励的留言。他带食物给她，有时也带鲜花。他给她朗读她最喜欢的书，讲述自己丧亲的经历。偶尔，他也会握住她的手。

这一年，她开始和过去觉得完全不合适的吉姆约会。他们动辄长谈数小时，越来越习惯彼此的陪伴。他们喜欢一起看电视、看演出、散步。而且，出乎她自己和所有人意料，她很喜欢吉姆带进她生活里的两个孩子。

婚礼这天，就在走向圣坛时，她停下了脚步，看着庄重温馨的教堂，对比着她儿时的想象。还是个小女孩时，她曾幻想挽着父亲的手臂站在教堂入口，准备在他的陪伴下走向婚姻。此时，她挽的却是哥哥，而非父亲，母亲也没有坐在前排回头对她微笑。

但这仍是她记忆里最幸福的一刻。她满心喜悦，无比希望父母此刻就在身边。她不禁想："为什么是现在？"

最近，莎拉对我说，她有点理解了。她不确定如果父母仍然在世，她是否能建立一段成熟的亲密关系。她说："我不想让任何人把自己从他们身边带走。而且我确信，他们也不想让任何人把我从他们身边带走。"

直到最近她才意识到，父母对她的感情生活一直闭口不谈。她告诉我："我妈妈不像别的母亲那样问：'你有约会的人吗？'我妈只会说：'工作还好吗？'我哥哥、妹妹和爸妈关系紧张，所以我要承担起老二的责任，力挺爸妈。我妈会说：'还好有你，你从来不会让我失望。'如果我结婚成家了，大概会非常愧疚。可能就是因为这个原因,他们去世前我从没想过结婚。"

父母过世有时会促成或推动一段关系,让它变得更为深厚、稳固,有时则像一根深深扎入关系中的刺,伤口永远无法复原。通常情况下,丧亲的影响非常微妙,有的源于一些微小的失望,例如在葬礼后的一周,一方不愿推掉每周三晚上的网球局陪伴失去父母的伴侣,造成难以谅解的伤害;有的则因为一些微小的善意,比如伴侣主动承担起各种琐事,令人铭记心间。

回头想想往往会发现,父母临终时,夫妻之间的关系不是变得更亲密,就是更疏远。晚年谈及对伴侣的感受时,常有人说"母亲去世时,他(或她)对我特别体贴",或是"父亲走了以后,他(或她)对我不管不顾"。

孩子也在观察我们在父母过世后如何面对人生。当他们在想象中构建成年生活的图景时,会把当下的观察填入想象中去。

友情

父母过世后陷入心理挣扎的那几年,为了避免被混乱淹没,我开始对生活中的各种变化产生兴趣与好奇。

在我的社交生活中,有一个现象尤其令我好奇,一些老友渐渐消失,同时新朋友出现了。每个人的一生中或多或少都有这样的得与失，但这次有些不一样。

并不是因为我和老朋友起了争执，不再联系，完全不是这样。

父亲去世后，我很快成了单身，这也对我不少经年的友情产生了冲击。有几对伴侣是我和妻子的共同朋友，但我们疏远的原因也不止于此。

漫长的哀悼期里，很多朋友一如既往地守在我身旁。我永远不会忘记困难时支持我的朋友们。在他们的坚定支持下，我们的友情更添了一道特别的纽带。

但并非所有朋友都是如此，很多人没有出现，而我后来才慢慢发觉。有相识多年、共事过、有过其他来往的人——那些我以为会支持我的朋友，却渐渐从人生中消失了。

我是偶然意识到的。给某些朋友打电话、留言，后来才发现他从未回复。接着，我开始意识到已经很久没有对方的音讯了。

最初出现这样的情况时，我还感到很难过。但是渐渐地，注意到这样的事不断发生，也就见怪不怪了。

有一天，我在百货商店偶遇乔。几年前我运营着一家社会服务机构，他为我工作过几年。我为他下了一场赌注，让他自主开发有意思的创新项目。他很有想法和才华，但没有正式的资格证。我赌对了。他做得非常成功，那个项目令人眼前一亮。最后，他为自己赢得了良好的声誉，就连曾拒绝赞助的高校也为他提供了教职。

我们虽然不再共事,但仍保持了多年的友情,会一起打手球,有时还邀老同事打上几局纸牌友情赛。

和他在商店邂逅那天,我意识到父亲去世后,他未联系过我致哀。以我们多年的友情,这种疏忽多少有些奇怪,但他似乎毫无知觉,见到我真心实意地高兴。他甚至主动提起听闻了我的遭遇,一直记挂着,想打电话问候。我们聊了几分钟,相约近期再聚,但之后我没收到他的音讯,也没再尝试联系他。

没有任何不满。我们只是淡出了彼此的生活,仿佛有一个人搬去了远方。

有人从我的生活中消失,但也有曾经只是点头之交的人从模糊的过往走向我。

我和他们没有太深的交情,他们也对我一无所求。这是好事,因为那时我光是照顾自己和孩子们已经焦头烂额。他们开始联系我,邀请我做各种事情,让我走进他们的生活。他们也走进了我的生活。

父亲去世不到一个月,和我没什么往来的同事泰瑞打来电话,邀请我去她家参加派对。我们之间第一次出现这样的邀约。我离婚的消息已经传了出去,所以起初我还猜测这是在向我表达好感,但我误会了。接下来的几个月里,泰瑞邀请我去各种活动,有时其他朋友也在,有时她的未婚夫也在,有时她只是打电话来问候我。

在我悲伤、害怕、愤怒且匮乏的时候,泰瑞们走上前来表达善意并守候在身旁,乔们却从我的生活中消失,这两种情况同样令我困惑。

渐渐地,我明白这些变化都是丧亲之后出现的附属品。父母的离去将我们的成年生活分成三个鲜明的阶段:父母健在、一方过世、父母双亡。每个节点都是下一个阶段的门槛,也是继续向前的信号,和学生的上课铃一样明确。处在某个阶段的人往往无法想象下一阶段处境如何。处于同一阶段的人有共通的经历和视角,因此更容易相互吸引,成为朋友。

现在回看父母去世那段时间友情的变化,我意识到,与我走散的人都处在我即将离开的那个阶段。我与乔们(父母健在)曾有恰好足以维持关系的共同点。父亲去世后,我进入了成年生活的下一个阶段,我们的友谊随之枯萎。另一些朋友——无论他们的父母是否健在,陪我完成了过渡。

同样,和我愈发交好的人,比如泰瑞(单亲),已经处在我无意识进入的下一阶段了。

时至今日,我已听过许多经年友谊随着丧亲瓦解的故事,也听过许多人在父母去世后缔结长久友情的故事。一个来访者对我说,她最好的朋友之一是她前夫的妹妹。她们二人都在成年后不久失去了父亲,从此成为朋友。仅凭借这种共同经验的凝聚力,她们的友情就持续了二十五年,经历种种波澜和逆境的历练,愈发深厚。

我开始注意这三个成年阶段的不同点。一九八五年,我和一群朋友看了一部由剧作家休·莱奥纳多制作的戏剧《爸》。这部剧几乎只有两个人的对话,一个是中年男子查理,他在父亲死后,来到位于爱尔兰的父母家处理遗产;另一个是查理去世的父亲的鬼魂,一个可爱老无赖,唤作"Da"——爱尔兰语里对父亲的昵称。查理和爸爸的对话长达两个小时,时而苦涩,时而激烈,时而令人捧腹。看完后,我和朋友们一起喝咖啡,讨论这场演出。席间,我注意到父母都健在的朋友表示,这出剧"很有趣""有意思";仅有父亲或母亲在世的朋友认为,这出剧令人"难受""痛苦";我们这些父母皆已去世的人则认为,这出剧"奇妙"且"真实"。我们对同一部剧的理解,以及这部剧带来的感受,和各自的状况息息相关。

后来,我的经历又一次印证了这三个阶段的不同,就连朋友和新认识的人在得知我在写这个题材的书时,也表现出有三种截然不同的反应。父母都还健在的人会礼貌微笑,平静地说:"噢,有意思。"如果我说自己写的是关于深海潜水的书,他们的反应也大抵类似,最多有些好奇。他们略有兴趣、毫不畏惧,尚不明白这一主题也和他们相关,没有什么话可说。

经历过一次丧亲的人谈及这本书的主题时,反应则大不相同。他们可能会突然发出轻蔑的感慨。比如，我在一次派对上被介绍给一位中年女士，她从我身边走开，大声说："有病啊！怎么会有人花时间写这种书？这么压抑沮丧的书谁想看啊？"后来，我才得知她父亲刚去世不久，母亲仍健在。

有的人会直接切换话题。比如，有一次，一位参加晚餐聚会的朋友说："啊，我太太去年也有这样的经历。"说完随即转向另一边的某人问："你呢？最近在忙什么？"后来我得知，他的母亲在几年前过世，父亲仍健在。

还有一类人，比如去年冬天来我家干活的电工，他上楼来问我事情，看见我在电脑旁打字，随口问我在做什么。我提起这本书的主题。他点着头，无意识地用大拇指抚摸自己的嘴唇，接着摘下棒球帽，捋了一把日益稀疏的头发，粗哑的声音变得温柔，面容松弛了下来。他说："噢，说起来，我忽然意识到爸爸死后一切都不一样了。"接着，他和我说起他父母在河边的狩猎小屋。父母在世时，所有重要的家庭活动都安排在那里，现在不一样了。他说，父母走后，家人就不怎么聚会了。

像他这样真正感兴趣、听闻本书主题时不觉得多害怕，并且会从自己的经历中汲取一些细节分享的人，往往都已经失去双亲了。

失去双亲是人们童年最害怕、成年最难逃避的恐惧之一。若父母仍在世，我们与父母已去世的朋友相处，便会感到有些不适。他们变得和我们不一样,甚至有点陌生。但是,若我们的父母也已离去,我们便会产生呵护甚至欢迎对方的冲动,仿佛他们是新搬来的邻居。

当我们从一个阶段步入下一个阶段,友情自然会随之变化。我还注意到,父母去世不仅可能影响旧关系、触发新关系,还会出现另一种独特效应:双亲去世的人明显倾向于和高龄者交往,且会耐心维护这种关系。

这种关系往往会发展成真正的友情,和所有友情一样,基于双向的喜欢与互相成就。上年纪的人常需要有人帮忙处理杂事、送餐、接送,需要有人坐下来聆听自己的往事和观点。失去双亲又还年轻的成年人可能尚未准备好,或者还不愿意继承"长者"的称谓。作为交换,他们渴望和更睿智、更有经验的人建立起联结。年长的人可以提供建议、得到专注聆听,年轻的人则得以延续一种幻觉:仍有见识更广的人在保护自己,避开"彻底长大"后就要面对死亡的恐惧。

这类关系的建立,背后可能还有其他动机。我母亲生命的最后几年,她的前同事鲁宾每周都来探望。那时,母亲已经神志不清,几乎无法交流,更谈不上能带给他什么长者的点化。然而,每逢星期六,鲁宾仍会带来一小袋她最爱的巧克力曲奇,然后二人坐在一起,他轻轻抚摸她长满斑点的枯槁的手,她则闭上眼睛,把头靠在椅背上(我们不得不约束她的行动,所以定制了这把椅子),细细咀嚼每一块美味曲奇,一言不发。我曾对他的付出表达感激，但他委婉拒绝了，说："你知道，我一直很爱你的母亲，愿意为她做这些。"但他也不知道，这样的付出是否也是种自我满足。他说："我母亲曾经的状态和你母亲现在一样虚弱，那时我没有照顾好她，我觉得一定要做点什么。或许是我一厢情愿，觉得陪着你母亲也算是弥补了此前的遗憾，哪怕一点点也行。"

直到今天，每当照顾衰弱孤独的老人时，他的回答总在我耳边回响。也许直到父母临终时，我们才会发现自己的怯弱。而当我们直面之前的恐惧，向他人伸出援手，似乎也就获得了些微救赎。

此外，可能还有其他动机。四十八岁的理查德是个热心的单身男性，没有兄弟姐妹。他告诉我，自己从小到大都很"自私"，习惯为所欲为。随着年岁渐长，他才猛然意识到这种幼稚。后来因为父亲心脏病缠身，时日无多，以此为契机，他下定决心要蜕变为一个慷慨仗义、让自己自豪的人。他和我分享了下面这个故事：

> 我一直是个索取者，而不是给予者。我清楚地记得，高二那年，一个星期六的上午十一点左右，母亲走进我的房间，坐在床边，说："如果哪个星期六你不用我念叨就知道起床修剪草坪，那么你爸和我都会很高兴。"
>
> 的确，我从来没有在星期六上午起床修剪过草坪，

我太自私了。直到父亲临终前,我才第一次意识到自己拥有仗义、体贴、善良和关爱的能力。我甚至决定搬去和父亲一起住。夜间他无法控制便溺,我得起床给他换床单。要是在以前,我会怨气冲冲:"你边上就有尿壶,为什么不用?你要是爬不起来,为什么不叫醒我?为什么非要让我起来换床单?"但是我没有这样,我好像不再是我了,第一次有了发自内心帮助他人的意愿。我好像终于不用别人提要求,就能起床修剪草坪了。父亲也注意到了我的变化。

父母相继去世后,理查德开始积极帮助他人,这既是为了排遣孤独,也是出于自我肯定:他突破了局限,成为一个慷慨有爱心的人。比如,他会照顾八十一岁的邻居老太太,带她去购物,尽量每周陪她吃一次晚餐。他说邻居家的子女比他还大,但都嫌老太太不好相处,对她避之不及。理查德愿意给予她点点滴滴的善意,既为了她,也为了他自己。

失去父母的人能和老年人融洽相处,在我看来是很自然的。老年人和我们一样,父母往往已不在世。我们就好像搬进了他们所在的社区,自然地就亲近起来。

从双亲健在到双亲去世的转变过程,实则是通往彻底成年的状态。我们会产生一种奇妙的认知,尚未经历这一转变的人无法了解。我们甚至无法与正处于转变中的人分享这种体验,也不需要这么做。因为我们知道,只需要一个词、一句话,就能辨认出彼此。我们总在互相辨认。

就在一周前,一位相识的医生问我,最近的医疗政策是否对我的心理咨询业务产生影响。我对她说,我正在专心写一本有关丧亲之痛的书,还没来得及处理相关的问题。她说:"我懂,父母去世后,头顶张开的巨伞好像消失了,对吧?"说完,我们看彼此的眼神都不一样了。我们各自表明了身份,读懂了对方的密码。

亲情

成年后,我们可以按自己的意愿选择朋友和所爱的人。选中他们,或许是因为讨喜的性格,或许是相似的背景,抑或是共同的兴趣。无论理由是什么,这都是我们在日常生活中可以做出的选择。

但家庭生活不一样。我们无法选择父母,甚至无法左右有没有兄弟姐妹,更决定不了他们比我们大多少或小多少。

父母或有心或无意,把我们安排进了一群人里,就这么确定了,不允许调整。

我们也无法选择自己在家中的角色,或家人对我们的看法。这也是由父母安排的,不像在其他生活领域,他人对我们的看法很大程度上取决于我们自己。

父母会说:"这个孩子聪明,那个孩子捣蛋,这两个呢,是艺术家。"

问题儿童、安静的孩子、妈妈的小帮手、欢乐豆、书虫、小丑、老实人、数学天才、疯子，都是父母分配的位置和角色。它们可能准确反映了我们的特质，也可能和真实性格毫无关联。

但这些都不重要。角色的意义在于建立模式与风格，方便家庭成员彼此关联，相互理解。随着时间的变化，角色会慢慢固化。

"问题儿童"是一切家庭问题的核心。至于这个孩子是不是更愿意当漂亮孩子或搞笑孩子，哪怕她和漂亮孩子一样漂亮、和搞笑孩子一样搞笑，都无关紧要。"问题儿童"是分配给她的角色，无论问题是不是她造成的，都无所谓。

"欢乐豆"可以让最阴沉的日子也被点亮，无论他内心的真实感受如何。不管当下的想法如何、在别处如何表现，他都要以"欢乐豆"的角色出现在家人面前，这是他的责任。

至于"被放逐的家伙"，我们根本不会提到他。

父母分配家庭角色时，很像作曲家为交响乐编曲，而演奏家们想在其他场馆演什么无所谓。父母对自己的乐谱胸有成竹，分配好了每一个声部，严禁即兴发挥。

年龄也改变不了这一切。我们或许已长大、搬出了父母家、有了孩子，但只要父母登上指挥台、举起指挥棒，我们又会开始在熟悉的旋律里演奏自己的声部。

当指挥家离场,乐队会变成什么样?当创作者不再强制演奏者按照曲谱来,音乐会怎样?当父母去世,在世的兄弟姐妹又会是什么样?

乔安和姐姐卡洛琳关系一直不太好。比姐姐小四岁的乔安一直看不惯卡洛琳对母亲的态度。就算成年后,乔安也时不时把卡洛琳拉到一旁,怪她不顾母亲的感受,或是在母亲的朋友面前不够礼貌。卡洛琳则一直嫌妹妹管得宽,她觉得乔安总做出一副只有自己关心母亲的姿态,简直烦透了。她曾对我说:"见鬼,在这个自以为是的卫道士出现前,我和母亲那么多年都很亲密。"

其实乔安并非"自以为是",她和卡洛琳都明白这点。她们的母亲早就给卡洛琳打上了"自私鬼"标签,而在乔安出生时就叫她"我的小捍卫者"。两姐妹谁也不曾要求获得这样的角色。

长大以后,除了父母家的假日聚会,她们从不见面。两人也没什么共同点,几乎像陌生人,对彼此没有好感,平时也几乎不联系。这样的状态维持了很多年,她们的关系已经定型。

母亲去世后,局面开始改变。

父母在遗嘱里指定了一家遗产执行银行,但姐妹俩认为,这家银行的许多决策都不符合父母的意愿。例如,信托经理们宣布要以车库甩卖的形式卖掉家中物品,所有亲友都没有优先选择权。

卡洛琳对我说:"我知道这些东西卖不了什么钱,我自己就参加过很多次,大家几乎就是白拿。银行不是为了清算遗产,只是想尽快了事。这绝对不是我爸妈的想法。"

姐妹俩达成一致,要联手行动,在两人印象里,这还是第一次。她们聘请了律师,对银行提起诉讼。法官认可了两位继承人的主张,裁定处置遗产应考虑逝者意愿。

之后,姐妹俩分别告诉我,这次联合还有更重要的收获:在没有父母参与的情况下,她们第一次开始交流。她们讨论着父母会希望怎么做,也自然而然开始交流各自对父母的看法。在共同的经历与失去中,她们发现彼此的感情基础出乎意料地坚实。她们开始分享与家人相关的回忆,一起大笑,一起哭泣,终于感受到姐妹的感情。

当特别的聚会或节假日来临,她们会带上各自的家人聚在一起。渐渐地,在接下来几年中,两人在彼此的生活中承担起了新的角色。乔安成为卡洛琳所有孩子的"捍卫者",教他们在与同学或朋友发生冲突时如何为自己挺身而出,但绝不要与妈妈斗气。卡洛琳成了家族的档案保管员。她铭记家人的往事、食谱和亲友信息,一旦妹妹和孩子们有需要,就能第一时间了解家族习惯和关系。

当然,充满颠覆性的变化不断地在我们人生中上演,毕业、结婚、生子……都很复杂,让人感到矛盾。我们一方面强烈渴望一切如旧，一方面深深向往新鲜刺激的未来。

通常情况下，当某人处在变化中时，其他家人会扮演支持者的角色。一位姐妹办婚礼了，其他人都是她的随员；有人参加毕业典礼，全家人都会出席观礼。

但父母去世则不同，截然不同。父母去世，全家每个成员都在同一时间经历同样的变化，没有人能毫发无损地伸出援手。所有人都被卷入其中，感到迷惘，无人可以幸免。所有人都渴望得到指引，然而过去负责指引的父母已经不在了。

颠覆变成了混乱，类似指挥家离场后乐队在继续演奏。每个参与者都会演自己的乐曲，但没人知道何时开始、何时停下，没人计时。不过，最终每个人都会即兴发挥，试着磨合，奏出新的旋律。

父母去世后，家庭成员要弄清楚各种事务，一一做出决定。他们必须决定如何处置父母的遗产，其中财物分配往往是最直接的。大部分父母会留下遗嘱，说明自己的意愿。然而，即便遗嘱摆在眼前，事情也未必那么简单。

金钱有具体的数字，相对容易分割，但父母的钱不是天降之财，也不是存进银行账户然后考虑怎么花掉的积蓄。对有的人来说，继承金钱与其说是好事，倒不如说是负担，因为在这样的情况下，这笔钱就像是付出了失去父母的高昂且令人迷惘的代价后得来的。对另一些人来说，遗产是一笔意外之财，让他们得以从令人窒息的财务负担中解脱，或是有机会追求此前压抑的欲望。为此，他们对父母充满感激。然而，如果兄弟姐妹中有人心情复杂，另一些人却开始快乐挥霍，矛盾便自然而生了。

詹妮斯对我说起她曾经的震惊。省吃俭用的母亲留给她一笔存款，她做出了明智的投资安排。当她打电话告诉弟弟时，才得知他用分得的遗产买了一艘游艇，刚把母亲的名字印在船尾上。

分配父母遗物可能是个表现慷慨的机会，也可能是引起分歧的导火索。常年压抑的嫉妒可能会浮现，新的联盟可能会结成，"东西"成了有象征意义的战场，上演对父爱母爱的圈地之争。

当一家人分拣遗物时，外人也许很难参透区分纪念物和垃圾的逻辑。我见过兄弟姐妹为了看似无关紧要的东西大吵，比如古旧但绝称不上"古董"的开瓶器或蛋糕刀。当然，这些物品承载着纯真时光的珍贵回忆，让我们回想起童年父母在世时的野餐、生日派对，以及一家人洗好澡换上干净睡衣坐在电视机前的周六比萨夜。此外，这些物品还可能有一些隐喻，比如拿到蛋糕刀的人可能觉得自己就是"母亲的小帮手"，从此再无争议。

还有的时候，遗产分配对应着新的角色分配。例如，我认识的一家人一致同意长兄拿走父母餐厅里的家具，这意味着大家默认他成为新的家庭领袖,以后将负责主持家庭聚会。

分拣父母遗物的过程中,若是发现了意想不到的东西,情况可能会变得更加复杂。有位来找我咨询的男士就遇到了这样的问题。他在父亲的壁橱深处发现了一堆色情杂志,有几本印有涉及儿童的露骨图片。他觉得这个发现像一种诅咒,不但影响了他对亡父的感情,也冲击了他与兄弟姐妹和表亲的关系。他们不但责怪他发现的东西,也责怪他的发现行为本身。

独生子女也可能因为这样的发现而发生人际关系方面的变化。例如一直被家庭视作"穷亲戚"的安娜,在她小时候,父亲便抛弃了她和母亲。母亲靠着秘书工作的微薄薪水勉力支撑二人的生活。安娜一直觉得自己和母亲很亲密。家境相对富裕的阿姨、"善良""慷慨"的表亲们,让安娜感到刺痛,不过她也习惯了。母亲对他们似乎没有什么怨言。

安娜近四十岁时,母亲去世了。有好几个月的时间,作为遗产的唯一受益人,安娜逃避处理相关的事务。当她终于打开母亲的保险箱时,震惊地发现了几百张股权证书。

后来,她了解到,母亲在雇主的指引下参与了一些投资,并且颇有天赋。母亲依旧过得节俭,却给女儿留下了价值超过五百万美金的资产。试想一下,同时成为孤儿和百万富翁是什么感受!这一发现将如何改变她与阿姨、表亲们的关系?如今他们倒成了她的"穷亲戚"。她终于有能力偿还他们过往的善良与慷慨,她也欣然这样做了。

显然这类发现可能给家庭关系带来不和谐因素,或许正因如此,英文单词"effects"同时有"财产"和"影响"的意思。

不过,就算没有此类令人不安的发现,大部分家庭也会出现诸多变化。新一代人接手后,新的传统便诞生了。丽莎给我讲了一个故事,现在她和兄弟们不再去教堂过平安夜了。

从她小时候起,全家每年都要参加平安夜的午夜弥撒,这是从父亲家传下来的。但是,就在父亲去世那年,谁也不想再去了。她和兄弟们家里都有年幼的孩子,何况第二天是圣诞节,还要早起。相比深夜正装出行,他们更渴望好好睡上一觉。但没有人敢首先提议。他们再次在平安夜齐聚,准备和父亲在世时一样一同前往教堂,但所有人都有些沮丧。

距离出发时间还有一个多小时,丽莎的嫂子觉得,她从行李箱里拿出来的那条裙子太皱了,没法穿去教堂。丽莎说:"真想让你看看我们当时的样子:跑来跑去找熨斗和熨衣板,研究从哪里加水出蒸汽,争论那种面料是用蒸汽熨斗好还是干熨斗好,问题没完没了。"

没过多久,大家一致认为已经赶不上午夜弥撒了。于是,在家早睡的平安夜新传统就此埋下了种子。

父母去世后,全家人渐渐开始以有些笨拙的方式建立新的家庭模式。家曾是一个配合默契、编排有序的乐队,如今所有人都选择了新的声部开始练习,起初多少有些不够和谐,但新的乐曲终会完成。

就在新转变产生、新传统开展的同时，新的角色也成形了。家庭成员之间的关系开始重新组合、重新定义。备受全家爱戴的长兄可能在执行父母遗嘱时独断专行，曾经冷漠的姐妹可能彻底与大家疏远，成为远离家庭的人，另一个姐妹则扮演起照顾家中幼儿的母亲的角色，原本烦人的弟弟妹妹可能成了所有人喜欢的伙伴，而之前的"问题儿童"可能已成为一家人的主心骨。

我的朋友卡莉家就是个例子。父母去世后，卡莉不再是那个"令人焦虑的孩子"，而是接替了母亲的角色，成为主持正式家庭聚会的女主人。她的三个姐妹分别成了信息统筹人、园艺专家、打电话提醒大家不要忘了生日与纪念日的人，这些都是母亲曾经承担的角色。

年轻时，我和姐姐并不算亲近，因为我们年龄相差较多，从小到大总处在不同的人生阶段。我出生时她六岁，刚刚读一年级。我读小学时，她刚好进入中学。我读大学时，她已经毕业一阵子。我们的共同点很少，兴趣爱好、朋友和人生目标都不一样。她的人生我参与得不多，我的人生她也很少涉足。

父母临终时，我们第一次处在同样的人生阶段。我们必须学着合作，一起解决问题，先是决定母亲的照护方案，后来是处理父母的遗物。我们第一次对彼此产生了兴趣。她和我的孩子们日渐亲近，对"姑妈"的身份乐在其中。我们俩成了好伙伴，很多事都会一起做。失去双亲后的第一个假日，我们决定要凭自己的记忆复刻母亲的传统配方曲奇。随着对彼此了解的加深，我们成了朋友。

就这样，乐队渐渐重组，一些成员加入，一些成员离开，配偶和孩子作为新成员入团，也有其他人退出，全新的家庭格局形成了。

指挥棒交接完成。乐曲经过修改和重新编曲，回荡着永恒不变的旋律，演奏仍将继续。

紫罗兰盛开的冬季

（挽歌）

我不信你已经离去

我仍记得关于你的美丽

我不信你已经离去

你究竟去了哪里——哪里

我不信你已经离去

莫非天使都失明了

我是如此思念你

我不信你已经离去

——大卫·A. 玛斯特拉

作于俄勒冈州尤金

第六章

生命的彼岸
死亡、永恒与信仰

父母的生命终点与我们对生命谜题的解读,是否存在某种关联?我们如何理解生命的奇迹?如何面对内心世界无数难以名状的恐惧?

一位正经历双亲去世之痛的女士告诉我:"现在,生平第一次,再没有任何人站在我与上帝之间了。"当时,我以为她是说自己将是下一个面对死亡的人。或许她确实是这个意思,但直到父母去世,我才想到她说的也许是另一回事。

我发现,人们在经历丧亲之后,往往会出现一段信仰混乱的时期。我见过有人更换教派,有人改信另外一门宗教,有人因父母临走前久病缠身饱受痛苦,对仁爱上帝的纯粹信仰在愤怒与绝望中消散殆尽,还有些原本对宗教不感兴趣的人变成了虔诚的信徒。

父母的生命终点与我们对生命谜题的解读,是否存在某种关联?我们如何理解生命的奇迹?如何面对内心世界无数难以名状的恐惧?

父母与神明有何关联？

孩提时代，父母引导我们第一次接触到万能之神的概念与名字，可能是基督教的"上帝"、伊斯兰教的"安拉"、犹太教的"阿多乃"、锡克教的"真名神"、神道教的"天照大神"、印度教的"梵天"，或是琐罗亚斯德教的"阿胡拉·玛兹达"。父母决定了全家是否信教、遵循何种传统、在多大程度上维持正统，决定了参与哪些仪式与庆典，要为此付出多少精力。

如果父母重视信仰教育，我们就会得到相应的教育。如果他们规律地做礼拜，我们也会跟着做。如果他们从不做礼拜、不信神、从不祷告，那我们也不。如果他们每天在餐前和睡前祷告，那我们从小就会认定祷告比食物和睡眠更重要。

他们何时祷告、如何祷告，我们就在同样的时间、以同样的方式祷告。他们的祷词于是也成了我们的祷词。

每当我回想自己与信仰最初的接触，就会想起父亲。他是个内向自持的男人，很难接近。他很少表达内心的想法，事实上，除了偶尔单方面宣布规则，或是时而因为琐碎小事暴跳如雷，他几乎从不说话。

在抓到我的错处时，他会用俄语大喊"白痴"，脸涨得发紫，血管凸起，接着好几天不理我。

对于父亲，我只有三点确信。第一，他爱我的母亲。他快四十岁时和她结婚,对她矢志不渝。他把她视作心头最重要的人,永远对她彬彬有礼。

第二,他认为研究数学和物理是世界上最有趣、最有价值的事业。二十世纪二十至三十年代,他在德国和波兰的高校取得了高等学位。从工业物理学家的岗位退休后,他把家里的一个小房间用作书房,时常一坐就是好几个小时,心满意足地读着纸张发脆的旧书,书页里满是公式、方程和图表。在我们看来,他读的像是天书,一点儿也看不懂,但他从容不迫,像一位博学的拉比在研读古希伯来文经典著作《死海古卷》。

第三,他认为信仰神明的人都是迷信的傻瓜,一切遵守宗教教条的行为都是愚蠢的证明。他极其彻底地反对宗教,一如他毫无保留地信奉科学。

我不知道他为何如此抗拒宗教,也不知道他为何如此厌恶信教者。对此,他给我最接近解释的说法是引用自天文学家约翰尼斯·开普勒的一句话。布拉格的鲁道夫二世皇帝问开普勒,为什么他的天体运行论对上帝只字不提。开普勒答:上帝是一种假说,我认为没有提及的必要。可是,如果宗教只是不值一提的理论,那么就是完全无害的,远不必如此激烈谴责。

或许,他笃信优雅且明确的数学规律才是宇宙的秩序,因而容不下其他教条。在他看来,神秘现象不过是尚未列出的方程式,一样东西若不能用理论解释,就是谬论。

也可能,身为一个光学专家,他坚信一切关于光的信息,连同神之荣光和启蒙之光的奥秘在内,只有用数学概念表达才有意义。

又或许这有关他家族的悲剧。在搬到美国后不久,他深爱的许多人——父亲、兄弟、姑嫂、侄子、侄女、表亲、阿姨、叔叔们就惨遭纳粹杀害。他们因身为犹太人,被自称基督教徒的邻居所杀。

不管父亲抗拒宗教的理由是什么,虽然母亲在东正教家庭长大,但我们家不信奉任何宗教。我们不过宗教节日,家里也不摆放宗教物品。记得很小的时候,母亲曾带我和姐姐去过几次犹太教堂,但从未加入过什么教会。

因此,小时候的我对宗教没什么感知。我知道宗教存在于其他人的生活里,朋友们会和家人去教堂,会参加查经会或是教义问答学习。但宗教在我的生活里并无一席之地。父亲觉得那很愚蠢,于是我也这么认为。

作为一个小男孩,我很少花精力思考人生的意义,万物的起源,我从哪儿来、要到哪儿去,在我看见听见的事物之外还有何种存在,或是否有某种至高力量掌管着万物。我和父亲一样,觉得这类念头很愚蠢。我是在非犹太社群中长大的犹太人,偶尔也会面对一些费解的难题。只有这时,我才会想起宗教。我在人口稠密的城区长大,住在一条排满褐色楼房的街上，每栋楼有三四套公寓。布鲁斯是我隔壁的邻居，和我同龄。我们每天一起走路上下学，一起参加幼童军，整个暑假都在一起玩。我们是密不可分的朋友与伙伴。

一个冬天的早上，我在他家门口等他一起上学，看见客厅里立着一棵小小的冬青树。

"那是什么？"我问。

他的母亲微笑着问我想不想晚上和他们一起装饰圣诞树。我不知道那是什么意思，因为我从没听说过圣诞，也没见过屋子里有树。但我答应了，毕竟我俩一直以来无论做什么都在一起。

那天晚上，我见证了奇迹。我看着那棵小小的冬青变成我所见过的最美丽的东西。他们教我把银箔小心地挂在每根枝条的末端，环绕上亮闪闪的小灯泡和漂亮的彩球。新鲜的松树汁液又香又黏，把我的手指染黑了。还有，我们大吃特吃的美味甜曲奇。噢，这一切超出了一个小男孩的认知。我跑回家，快乐得眩晕，激动得差点说不出话，和我父母讲起了邻居家客厅里这个神奇又绚丽的叫作圣诞树的东西。

我问，我们能不能也有一棵圣诞树。

"我们没有圣诞树。"母亲冷冰冰地回答。

"我知道，但我们可以有，对吧？"我问。

"不可以，当然不可以。"她说。

"为什么？"

她叹了一口普天下不耐烦的父母都会叹的气,说:"因为犹太人不可以有圣诞树。"

天呐!这时,我才深切意识到自己是个犹太人。在此之前,我从没听说过"犹太人"这个词。这天,我得知自己是一个犹太人,我们不可以把小树带进房子里,不可以用灯串、彩球和银箔把它装饰得漂漂亮亮。

这是我第一堂正式的宗教课。

从童年长到十几岁,我偶尔接触过类似的课。例如有一天,一个男孩打了我。住在我家附近的很多男孩会和家人去教堂,他是其中一个。我不得不自卫,最后流着鼻血回到家。

母亲为我擦洗脸上的血,查看伤势。这时我问她:"犹太佬是什么意思?"

"你在哪儿听来的?"她问。

"扑向我那小子叫我'脏犹太佬'。犹太佬是什么意思?"

我的父亲正站在卫生间门口,已经穿好了大衣,准备带他瘦小的儿子去常去的医生那里做一些紧急处理。他问:"他叫你什么?"

"脏犹太佬。"我回答。

他笑了起来。母亲和我转身看他,不知道有什么好笑的。

"那你可能得勤洗澡了。"他说。

对我而言,宗教不是什么有益的东西。由于我们不属于任何一个犹太教会,我从没意识到宗教能带来归属感。父亲说宗教是胡说八道,我从小到大也这样认为,不仅如此,我还把宗教与没用、禁忌和排挤关联了起来。

我从未思考过宗教的价值,因为父亲说宗教没有意义。童年时,父母怎么评价那些信条,我们就怎么看待它们。

但父母引领我们认识的远不止宗教。对孩子而言,父母永远在身边,他们对一切了如指掌。他们执掌生死,是人格化的永恒、全知和万能,而这正是信仰的构成基础。

父母知道万事的运作规律、万物的起源、什么应当做、什么要避免,他们知道我们出生前发生的事情。

在我们眼里,父母是"永恒"的化身。

我们有关神明的初始意象,正是以父母为范本。公元一世纪,亚历山大里亚的犹太哲学家斐洛曾说:"父母之于孩子,就如同上帝之于人世。正如祂使不存在成为存在,父母效仿祂的力量,让族群不朽。"

父母对我们的评判,无论是认可还是谴责,都塑造着我们的人生。正如各种宗教故事里,凡人取悦或触怒了至高的神,命运由此被决定。向神祈求赦免或慈悲,就像向父母祈求帮助与关心。父母像神一样,既可以赐予我们什么,也可以剥夺。

父母是我们宇宙观中的神,此后信奉的一切神明或超凡力量,都以他们为范本。无论这些神明被冠以何种称呼,其人格化的形态都始于我们脑中父母的形象。

如今回想起年幼时我眼中的父亲,发现他俨然是统治家里的神。讽刺的是,他与我后来了解到的希伯来《旧约》中的上帝(正是他极力排斥的那个上帝)有惊人的相似之处。他几乎缄默到不可接近的地步,除了单方面宣布规则,很少表达内心的想法与观点,只在偶尔被触怒时不可抑制地爆发。

孩提时代,我生命中的至高存在坚称世上绝无至高存在,这必然令我感到困惑。但既然他这样说,我便这样相信。我的宗教观自此而始。

父母如何引导,我们的信仰之旅就如何开始,这对有圣诞树和没有圣诞树的孩子同样成立,对无神论者和神职人员的孩子也同样成立。父母向我们描绘什么样的生命地图,我们启程时就使用什么地图。

接着,青春期来到,我们开始向外探索,逐渐远离父母,带着各种想法去实践体验,探索自己是谁、想要什么、什么是重要的。

十几岁时,我对所谓的"信仰"产生了兴趣。快二十岁时,大部分从小接受宗教教育的朋友开始重新思考家庭的传统习俗,接触无神论、不可知论或佛教等异域信仰。而我,一个坚定无神论者的儿子,才刚刚开始认识这个领域。

我第一次思索人生的使命,思索人出生前身在何处、死后去向何方；如果那么多没有道德良知的人成了人生赢家，那么遵循道德的必要性何在。我甚至开始思索，为何人们会相信并臣服于不可知、不可触碰、不可证实的存在。

我陷入无尽的思考，但我只掌握了父亲的那种谈论方式，于是就这样开始了。我与虔诚的信徒辩论，鲁莽地斥责他们的信仰经不起推敲，自称要为他们理清思路，激发他们驳倒我。有一件事让我至今想来仍然尴尬。我对着一位非常善良的牧师高谈阔论，声称不管是谁，但凡信仰不可见、不可触碰的事物，在我看来都是愚蠢的。年轻人就是这么傲慢。神奇的是，在我这个探索认知的时期，没人揍得我鼻子流血。在辩论过程中，我结识了不少可爱且包容的信教的朋友。交流进一步激发了我的兴趣，于是大学期间我选修了一门关于世界宗教的课程。在某种意义上，我期望自己像父亲一样认为课程内容荒谬可笑，但事实却不然，我觉得这门课很有意思。

我惊讶地发现，原来对灵性和精神领域的探索其实并非无知。世界各地的人都有着相似的需求和渴望，因此向往宗教，皈依比自身更宏大的存在，以仪式化的方式大声表达崇敬，赞颂并崇拜神圣的事物，无论它被冠以何名。儿时的我在父亲的影响下，以为只有想象力匮乏或可悲之人才会思考这些问题，但事实上，很多极聪明的人为此投入了大量精力，这令我相当震惊。

就这样,我了解得越多,就越感兴趣。我觉得这很有趣,被吸引,入了迷,甚至感到震撼,但我从未投入过感情。

一切都停留在概念层面。我开始思考,除了可量化的客观存在之物,生命中还有什么重要的东西。我怀疑在人类可知和可理解范围外,还存在其他维度。我开始觉得,如果全世界有这么多人相信存在超出人类理解范围的造物力量,那么信仰必然有一定的道理。但我对此没有太多好恶,我从没想过,自己也需要皈依超越自身的宏大,需要对神圣之物大声表达崇敬或崇拜。

我捕捉到的唯一的情感是羞耻。我觉得花费时间研究这些是错的,我好像正耽于某种禁忌。我知道父亲一定不会赞同。

我的一些朋友悄悄逃掉教堂礼拜,而我则隐藏了对宗教的好奇心。我从未和朋友探讨过,在家当然更是只字不提。我被宗教完完全全地吸引,讶异于自己思想的开放,又害怕秘密被窥见。

我始终没有信教。随着年龄增长,毕业后,我承担起一个成年人的责任。偶尔会参加宗教活动,但仅仅是出于兴趣。我参加过的活动各式各样,天主教弥撒、锡安浸信会的复兴祈祷会、佛教诵经、公谊会、犹太教和新教礼拜。但我总是以带着好奇心的外来者的身份参加,观察聆听"他们"吟唱祈祷,就像观察蜜蜂在蜂巢中舞蹈。我一直不想太靠近,我不敢，感觉很危险，太容易被蜇伤。

如果基督教堂里出现犹太人，会发生什么呢？我一直不确定他们是否欢迎犹太人。

如果我去的是犹太教堂，感觉甚至更糟。在那里，我置身犹太人中，理应感到自在，但我并不自在。在那里，我还是害怕被发现。如果有人用希伯来语和我交谈怎么办？我听不懂。如果有人问起我对临近的假日有什么计划怎么办？我不知道该禁食还是大吃一顿来庆祝。如果有人问起我的受诫礼怎么办？我从未受诫。虽然我多年前和母亲去犹太教堂时听过一些圣歌，但我从不曾跟唱。

我来到了一个停滞期。我身边有不少朋友似乎也同时来到这样的阶段。追求与探索让步于更世俗的目标——工作、家务、房贷。我们似乎对自己的宗教身份有了足够清晰的定义，要么和父母一样，要么和父母不一样。

父母在世时，我们始终以他们为信仰的参照点，他们是我们的永生之神。我们可能彻底接受他们的信仰，也可能彻底排斥。无论如何，我们定义自己的信仰时，依然以他们的信仰为参照。

但是最终，父母会死去，先是其中一位，接着是另一位。

我们失去了信仰的蓝图，"永恒"坍缩为城市另一端墓碑上的铭文。

这时，我们或许会重新踏上信仰之旅，偏离原来的路线。

过去的答案不再够用，或不再奏效。关于永恒和神明，无论父母教给我们什么，无论我们自己选择相信什么，都到了接受试炼的时候。这时，我们也许会发现自己真正相信什么，是否还相信其他东西。

萨姆是附近一所大学的工程学教授。他陪伴着母亲度过了她人生的最后一个下午，但当时他们吵了架，对彼此说了些难以接受的话，随后他愤怒地冲出了家门。晚餐时分，母亲去世了。

他为这段伤人的过往自责了好几个月。与母亲最后一段回忆是多么糟糕啊。他说，一开始他感到气愤，气母亲在和他有机会和解前就去世了。后来他渐渐觉得，或许她在那一刻离去并没有什么特别的意义。他开始思索起人生的意义和使命。从小到大，他从未想过这个问题。那时父母总教导他不要自私，告诉他上帝让人们来世间是为了助人而非利己。他觉得他们在胡说，人生在世，当然是为了照顾好自己。看看动物世界就会明白这个道理，凭什么他不可以把自己放在第一位？

他偏要把自己放在第一位。用他的话说，他一直是个随心所欲的人，追求新鲜刺激，靠着酒精、药物和性获得消遣，把物质和人都看作消费品。

母亲过世后，他开始重新思索人生的意义，质疑过去的所作所为。他从很小的时候起就不再祷告，这时却开始祈求得到指引。时隔多年,他重新开始阅读《圣经》。他反复阅读《以斯帖记》,一个一生为他人而活的女性的传记。他读到一句话:"我不会撇下你们为孤儿。"不禁潸然泪下。他重新回到教堂,不久后开始固定在每周日去教堂。几个月后,他每周有三个晚上会到教堂,作为志愿者,帮收留无家可归的女性的临时庇护所准备食物。

萨姆说:"我觉得自己现在身心清净,前所未有地清净。"他很遗憾没能在母亲去世前重新调整人生的步调,但他母亲的离世点醒了他。这场颠覆是他放慢脚步、洗涤心灵、重归上帝怀抱的契机。

丧亲引发的信仰颠覆无关社会身份或专业。无论社会阶层高低、阅历深浅,丧亲的人都有可能发现一直以来的信仰实践不再令人满足。

几年前,我在老邻居家参加一年一度的社交聚会。点头之交的伯特走过来,问我能否与他单独聊一会儿。我说:"当然可以。"心里却想,他这么迫切,怕不是要推销产品吧。

伯特是个虔诚的天主教徒,经常做礼拜,孩子上的是教区学校。我还听说他大学毕业后读了几年神学院,后来陷入爱河,放弃了牧师的职业,作为一个丈夫和父亲继续服务教会。我没想到他会向我寻求信仰方面的建议。我们并肩走进另一个房间,他突然转过头,泪如雨下。对此,我们俩大概都有些意外。缓了一阵后,他说:"真不敢相信我会问你这个问题。自从母亲去世后,教堂再也不能带给我安慰了,我对上帝感到愤怒。我很迷茫,一直在想母亲去世后去了哪里。我去找神父,问他我该怎么做,他只是让我祈祷。见鬼,但凡我还能祈祷,也不必问他怎么办了。我知道你的父母也去世了,想知道你是怎么度过那个时期的。"

我们一起站在房间里,多少有些尴尬。他在哭,而我手足无措。他和我并没有熟到这个地步,并且我们还在参加派对。不过,我们还是在房间里一起待了几个小时,错过了整场派对。我尽己所能,迎候他加入成年孤儿这个混沌的世界,并明确告诉他我也没有答案。我说,他也许无法很快找到答案,但随着时间推移,他或许会以新的方式重新面对上帝。我告诉他,虽然我不是神父,但我想他的愤怒与怀疑或许是另一种形式的祷词,是孤儿对慰藉和恩典的祈求。现在的他有权尽情使用这样的祷词。

直到第二年,在同一位朋友家的年度派对上,我再次见到伯特。彼此眼神交汇时,他的脸上欣然焕发出微笑。"我还在用那个新祷词。"他在房间的另一头冲我喊道。

"我也是。"我喊回去。

信仰也可能发生更微妙的变化。我有个好朋友在医院当牧师,常年与丧亲的人打交道。她说父母的死丝毫没有动摇她的信仰,但是她发现自己对一些使用多年的字句有了不一样的思考。在如今的她看来,"他们终于得到了宁静""他们有其他所爱之人的陪伴"等说法不再仅仅是常用的安慰话术,而更增加了真挚动人的深意。她的母亲一生因缺乏安全感备感困扰。她不断猜想母亲是否在死后得到了寻求一生的慰藉,如果是,母亲现在会有怎样的感受,她的灵魂又会因此有何不同。放在以前,这类问题对她来说或许只是有一些意义,如今则更有分量和真实感。就这样,经过锤炼的信仰变得更深刻了,她的心灵地图也更翔实了。

我相信,我们中的许多人直到父母离去之后才真正对信仰有了幽微的理解,从而做出自主的选择。直到那时,我们才开始与神明建立个人关系,因为直到那时,神明才终于能够超越父母的形象。

父母去世后,这是第一次没有任何人站在我们与神明之间了。

直到那时,我们终于找到信仰。那是我们藏在内心深处、感怀生命谜题的表现。信仰纯然属于我们,如今我们以自我为参照,不再与父母捆绑。也是从那时起,在跨越了最初的心灵地图的边界后,我们才能宣布自己在边界外发现了新领域。

母亲去世那年,我跟着一个朋友去参加平安夜的午夜弥撒。之前我也随他去过,弥撒内容每年都一样,但这次我有了不同的感受。我仍有些紧张,但与大家一起唱起了圣诞颂歌,这让朋友吃了一惊。唱起歌来让我感觉不错。

几个月后,我开始去附近一个犹太教堂参加周五的晚祷,在场的感觉也不错,那是一种真正的在场。我又跟着大家唱起了自己会唱的歌,低声念着童年记忆里残存的部分祷词,这让我自己也很意外。次年春天,我和孩子们去朋友家参加了一次逾越节家宴。我之前也参加过,但这是有生以来我第一次惊喜地意识到,我们朗读的正是几个世纪以来无数代祖先在逾越节朗读的文字,最后我哽咽着和大家一起念出那句终于可以实现的梦想——明年耶路撒冷再见。我当时不太明白自己到底怎么了。我被信仰的表现形式感动了,而在过去,我最多只是感兴趣而已。我像个被禁止吃甜点的孩子,总把鼻子贴在烘焙店的橱窗上,我发现了自己内心深处对于甜美的精神食粮的深切渴望。

然而,我尚不知如何填满这种渴望。

我听说有位堂姐生活在以色列,便去拜访了她。她是我伯父的女儿。曾经庞大的家族中,这一代只剩我们二人。她的家人在战争中遇害,只有她幸运地逃出了集中营。在她的宗教观里,民族主义高于灵修。

她把我介绍给家族中的其他人,我祖父兄弟们的子孙,他们早在大屠杀开始前就去了巴勒斯坦。其中,有人虔诚地信奉东正教,也有人对宗教不感兴趣。

我意识到,原来我的家族可以包容各种各样的信仰。发现这一点后,我仿佛得到了进一步探索自己信仰的许可。

我的拜访俨然一次朝圣之旅。我在旷野中徜徉，登上俯瞰死海的山丘，坐在嶙峋的岩石上感受着炙热的阳光，石块烘烤着我的肌肤。我想象数千年前在这片土地上驰骋的游牧祖先此刻正坐在我身旁，我们没有说话，只是并肩坐着。

在耶路撒冷，我参观了犹太教第二圣殿仅存的西墙。我把额头靠在巨大的清凉石块上，它们层叠堆积，仿佛直通天际。我用指尖感受它们满覆尘土的粗糙表面，再次清晰地感知着祖先们与我同在，没有使用言语，只是通过皮肤的接触。

抬头仰望，我看见清真寺金色的圆顶耸立在石块之上。在那里，亚伯拉罕把儿子以撒献给上帝。在那里，先知穆罕默德升上了天堂。在那里，宣礼师引领信徒祈祷，声音传到我的耳边。

我去了伯利恒的圣诞教堂，据说耶稣就诞生于此，我静坐着聆听亚美尼亚修道士的动人吟唱，声音悠扬，在巨石圣堂中回荡。在耶路撒冷，我沿耶稣走向十字架的路前行，在圣墓教堂坐下，他就在这里受难。我凝望教堂的地下室，耶稣的肉身曾在此安放，又在此复活。

我像在商店试穿新衣一样，试着感受自己是否存在于这个信仰世界的一隅。我意外地发现自己对这个世界几乎毫无质疑。当我向未知的探索敞开自己，就感觉获得了滋养。

这些古老的圣地给我留下难忘的冲击，成为我正在形成的"永恒"与"无限"这两个概念的一部分。每个地方都带给我满心惊叹,给我与空想截然不同的体验。我不知该如何描述它们留给我的印象,每个瞬间都那样原始、那样本能、无关思辨。只能说,我想起了一个小男孩,他看着一棵普通的冬青树,神奇地成为明亮、缤纷、闪耀的化身,美不胜收。这一次,它属于我。

我知道,如果父母尚健在,我大概无法感知这一切。他们的离去给了我某种程度的自由。

我尚不清楚如何描述我对神明的感受,只能说感受到了我理解中的神明。就像神秘主义者所说,只有经历了不可理解的事件,我们才能真正理解不可被理解的神明。

但父亲的影响依然强烈,我仍不理解神明为何要参与人类事务,让人类用顺从和效忠的誓言换取自己的保护与干预。我连自己的父亲都不了解,如何能了解神明呢?

有时我不禁会想,在我死后,我的孩子们会如何看待神明?他们的父亲在信仰问题上充满困惑,但时刻守护着他们,可亲近,可感知。

几年前,我和一位信奉罗马天主教的女子结婚了,她比我小十五岁。我们用心感受着精神生活,无论我们身处犹太教堂、天主教堂,还是在家聆听夜晚湖畔树蛙的吟唱。我总会被宗教活动中的音乐和祷词打动,觉得自己越来越像蜂巢中的一只蜂,虽然仍处在边缘,仍有些焦虑、不合群。

现在每当我感觉自己面对人群有点格格不入时,就会重温我珍藏的记忆。听着活动现场的声音,我会想起宣礼师神秘的感召声,或是拜占庭修士婉转复杂的吟唱。我让这声音把我引至耶路撒冷古老的石墙旁,或是俯瞰死海的山丘上。我愉快地在那里停留片刻,连接起世界、过往和万物无尽的神秘。

一年前,妻子一家人来看望我们。大家一起去家附近一个小社区的乡间教堂做弥撒。我坐在妻子和她母亲两位慷慨慈爱的女性中间,感到一丝极细微但熟悉的畏惧和羞愧。那种来了不该来的地方、做了不该做的事情的感觉,那种父亲对我的想法不以为然且觉得我挨揍很可笑的感觉。

天主教弥撒仪式中有收集奉献物的环节。那天,小篮子一排排传来传去,但不知为何跳过了我们。我们坐在那里,目瞪口呆,手里握着要捐赠的钱,你看我,我看你,不知如何把钱捐出去又不打扰周围正在祈祷的人。可能大家都觉得这场面很滑稽,但只有我笑出声来。

坐在前排的人转头看我,我的余光注意到岳母也在看我。我双肩一紧,心想:"啊,怎么能在教堂里笑呢,白痴。"

我尴尬地对岳母小声说:"这下您知道犹太人来教堂会发生什么了吧?"

"你来了教堂后,发生了很多好事。"她说。

就这样,我坐在一个几乎与我无关的教会里,唯一的关联是我住在附近且与其教民之一结了婚。我坐在那里,坐在许多不认识的人中间,听他们吟唱着令我焦虑的歌。

我坐在那里,坐在最近似父母的人身旁,她因为我在那里而感到欣慰。我坐在那里,有生以来第一次感觉神明的殿堂接纳了我。

已取消

她去了她应该去的地方
我在账单和明信片间翻找
明信片上穿长裙的女子
在派克斯峰侧骑在驴身上

父亲的葬礼通知函中
母亲节贺卡和我错过她生日的道歉卡片里
第五十届大学同学会通知单里
哥哥一九四六年从海军荣归故里的剪报里
都没有她的踪影

她消失了
逃进尚未到期的图书馆借阅本里
一张三十年前的牙齿矫正账单里
上礼拜抄在信封上的诗歌里

五十五年前父亲写的另一首诗里

去年五月土丘园医院的菜单里

一九六二年奥地利寄来的卡片里

从费城、代顿、圣彼得堡寄来的保险单和成绩单里

她避开我躲进了废纸堆里

躲进日历上一个颤抖的词里

就挂在电话旁：已取消

我把一箱箱字倒进垃圾桶，倒入壁炉焚烧

手指因为分拣纸张而疼痛，然后

我提笔写下更多的字

寻找我的母亲

——艾琳·卡特

作于俄亥俄州哥伦布

第七章

暴风雨来袭
逃避哀伤的危害

哀伤可能让我们感觉无望又无助,触发有关疾病和死亡的念头。哀伤会扰乱我们感受愉悦的能力,导致注意力难以集中,吞噬我们的自尊心。但哀伤不是任何一种疾病,它是大脑理解失去、在失去的混乱状态中寻找出路的过程。

成年人的生活有点像一边学着开船，一边在远洋邮轮当船长，对航程的意义和目的地一无所知。每个人的人生都是一场冒险，面对挑战、乐趣、谜题、单调以及湍流，每个人都有自己的应对方式。

挚亲离去，就像一场暴风雨。哀伤在意想不到时出现，涌成巨浪，一波波狠狠拍打在我们身上。它突如其来，势不可当，让人失去方向而心生畏惧。

在暴风雨中，我们不再关心目的地，只想着在剧烈的颠簸和摇荡中存活下来。我们一心希望痛苦能快点结束。记不清多少次，身处撕心裂肺的哀伤中的人问我："有没有什么药能让我睡过去，醒来后一切都过去了？"

很多人的确试图这样做。我们消耗大量的精力，冒着巨大的心理健康危险,想要彻底逃避哀伤。

一九九四年,美国犹太殡仪师协会发起一项调研,以美国心理学会的三百名成员为对象,研究殡葬服务对失去亲人的哀悼者有何价值。调研认为,殡葬服务对哀悼者确实有益,但也揭示了一个令人沮丧的发现:求助心理医生的人中,百分之三十的人症结在于经历了挚亲的死亡,哀伤未得到妥善处理。这百分之三十不是因哀伤咨询心理医生的人群的百分之三十,而是出于各种原因向心理医生求助的总人群中的百分之三十。

研究结果符合我作为心理医生的执业经验,甚至偏保守。这一结果也符合我与同事这些年来闲聊时常提到的观点:心理治疗在很大程度上服务于与"死亡"有关的问题。来访者的主诉可能是非特定性焦虑,始于对丧失的持续担忧;可能是抑郁,根源是经历了多次丧亲之痛,但不曾哀悼;也可能是恐惧症,面对可能发生的丧痛的巨大阴影首次爆发。

人与未竟的哀伤缠斗时,往往并不自知。他们也许知道哪里不对劲,处于痛苦中,但大部分人不会去找心理医生。他们可能会因高血压、溃疡、荨麻疹等压抑悲伤导致的躯体症状问诊,也可能会默默承受痛苦,借助酒精或食物寻求暂时的慰藉。

去年,一位十年没有见的男士打电话给我。十年前我在当调解员,曾处理过他的离婚纠纷。他叫拉尔夫,是个积极进取的商人，典型的 A 型人格。他在大学期间做比萨生意，毕业时转让给了一个兄弟，之后用第一小桶金投资了另一个生意。这些年，他熟练地不断创业、扩张、出售自己的企业，再连本带利投入新机会，很快便控股了一家业务多元的大型企业，市值数百万美金。报纸的"商业新星"榜单里永远有他的大名，在年轻商业新星圈子里，他也锋芒毕露。商业头脑和在慈善事业上的贡献，让他在圈中声名大噪、备受尊重。

他无时无刻不在工作，沉迷于工作带来的挑战，没有什么比权衡风险与机遇、谈判和策划更让他快乐。他总说这样拼命工作是为了家人，但他知道自己几乎全身心都扑在了事业上。他的婚姻终结于经营不善，他很少和孩子见面，为数不多的朋友都是工作中认识的，但他对此似乎很满意。

拉尔夫第一次走进我的办公室，是因为受理他离婚申请的法官的强烈要求。最终，我们建立起了有效且真诚的关系，但他对人生的心理维度缺乏兴趣，也不认为心理学有什么用。法庭要求他和妻子在我的协助下进行沟通。达成离婚协议后，他向我道别，彼此都没想过以后会再见面。

我很意外他会又一次联系我，更意外的是他走进了我的办公室。曾经红润的面容变得灰暗，之前散发的高能量自信也消失了，说起话来缓慢且忧郁，躲闪着眼神，握手时也疲软无力。他曾拼尽全力成为商业领袖，现在却没有丝毫当年的英姿,看上去像被击垮了。

虽然许久未见,但他并没有像大多数人一样,先简单寒暄几句,而是开门见山地说:"我觉得自己垮掉了。"

他一年前染上了流感。从那时起,他开始反复生病,一次又一次胃痛,一轮又一轮伤风,感染反反复复,用抗生素也不见效。他素来身强体健,病成这样着实古怪。他找医生做了一次彻底的体检,但医生说他整体健康状况良好。

他开始倾诉:"两个月前……"话像是迫不及待似的往外涌,"我总觉得累,几乎很难撑过一整天。我越来越瘦,开始失眠,就算睡着了也总在做噩梦,醒来又什么都想不起来。我的情绪低落到极点,会没来由地哭,更糟的是,我感到一种无法承受的孤独。可能正开着会,有人提起我们要收购某个家族小生意,我就会突然失控。我以前从没哭过,现在却常常泪流不止。"

他说情况愈演愈烈,于是家庭医生给他开了抗抑郁药。"但药物的副作用让我难以忍受,他给我试开了另外几种药,但我吃完都受不了。我有点害怕,我觉得自己要疯了。"

他哽咽起来,环视房间,拼命控制情绪,眼里全是泪。"我的医生说这都是脑子的问题,是情绪失调,所以我想找你谈一谈。"他转过身,进门后第一次面对面看着我,挤出一个尴尬的笑容,"你也处理大脑问题,对吧?"

聊的过程中,我问他能否用一种意象来描述自己最孤独、哭得最伤心时的感受。在心理治疗中，作为沟通的辅助、变化的起点，常需要为痛苦赋予具体的形态和维度。有时我会让来访患者画画或引用一首歌，但拉尔夫很健谈，于是我让他给我讲故事。我说："我们来做个完形填空吧，你来完成这个句子：我哭的时候，感觉……"

拉尔夫抬起头，红肿的眼皮下流露出一丝曾经的自信。他说："感觉好像有人死了。"

我点点头，稍作停顿，好让我们两人都能理解这个形容。然后我问他："有人死了吗？"

他闭上眼，像个穿着昂贵西装但泄了气的人形气球，就那样瘫坐在椅子里，或许都没意识到自己在点头："有的。"他像是屏住了呼吸。接着，他仍紧闭双眼，叹了口气说，当我问出那个问题时，他脑海中浮现出的是六年前去世的母亲。

他补充道："很奇怪，我和妈妈关系亲密，她临终时我很难过，可是葬礼之后，我几乎没怎么想起过她。"

拉尔夫继续说起母亲临终前痛苦的几周，以及他无力改变什么的挫败感。拉尔夫是个务实的人，习惯了做领导者。他知道如何把事情办成，也知道如果无力改变，就要下定决心止损，让过去的过去。母亲去世后，他认为沉溺其中只是浪费时间，他什么都改变不了，于是他选择不再去想，让生活继续。

拉尔夫认为，如果无法改变事实，那么难过就是没有意义的。但他错了。当爱的人离去，我们正是因为自己无能为力而难过。

"好像是我抛弃了她。"他说，"她一死，我就把她抛在脑后了。"

"抛在脑后？"我复述了一下，回应他对谈话方向的不安。

"对，我把她扔出去了，像扔垃圾一样。"他回答。

"垃圾堆里的垃圾？"我再次复述他的话，他描述的情绪去向。

"没错。"他说。

"没错。"我说，"那时你把她扔进垃圾堆里，现在你也被困在了垃圾堆里。"他低头捂住脸开始抽泣。

我让拉尔夫放宽心，他没有发疯，也没有情绪失调。如果有人去世了，我们理应感觉到有人去世，这就是情绪的运作方式。

人的情绪和情感往往随周围与内心的变化而变化。如果一个人感到难过、高兴、自信、痛苦、乐观、悲观，但这些感受与周围或内心毫无关联，就被归为情绪错乱。如果突兀随机的情绪与外部现实毫无关联，达到一定的程度或频率，以致干扰了正常生活，就被称为情绪失调。

当有人去世，自己却感觉不到，也属于情绪失调的表现。如果哀伤引起了失调，那么一定是因为我们试图绕开哀伤，却在绕行中迷了路，就像拉尔夫一样。

很多人都会这样。为什么我们试图逃避哀伤，却往往被困在告别未竟的泥淖里？是否因为我们害怕面对自己内心无法接受的弱点——软弱、疯狂、依赖和失控，害怕弱点带来的危险和不安全感？

哀伤是扎根在每个人内心深处的天性，失去挚亲后，我们通过经历哀伤重获内心的平静。我们逃避哀伤，或许是因为哀伤的感觉太陌生，像是生了病、发了疯。又或许，我们逃避哀伤，是因为哀伤的路径错综复杂，而随着信仰和传统习俗的式微，我们无法像先人那样，凭借仪式的指引穿越哀伤？

哀伤不是病，但给人的感觉很像生病。哀伤会扰乱睡眠、食欲、感受愉悦的能力和精力。新陈代谢的能力可能发生改变，导致体重快速减轻，和发高烧时一样。一位女士曾对我说，她在母亲死后接连呕吐了好几天，像食物中毒一样。另一位女士说，她整夜睡不着，睁着眼，数周滴酒不沾却有种类似喝醉的感觉，皮肤发烫脱皮，像是被烈日晒伤了。我认识的一位男士曾坦言，他突然痛得跪在地上，紧紧捂着肚子，想压住体内撕裂般的灼热爆发。

哀伤是痛的，字面意义上的痛。"心病"是哀伤的文艺化表达，"心痛"和"心碎"也一样。这些词语形容的都是令人无法呼吸的痛，有时痛在胸口，有时痛在腹部深处，这样的痛常伴随着某种"失去"爆发。

哀伤不但让我们感觉自己生病了，还可能感觉发疯，行为也像在发疯——怕得发疯，痛得发疯，混乱得发疯。所谓"疯狂"，是长久以来的现实彻底消失，导致我们暂时失去区分现实与虚幻的能力。我有一个平时笃定外向的朋友，母亲去世后他变得多疑、一惊一乍、冷漠抽离。我也见过一些来访患者变得意识模糊，连最简单的事情也记不住，最简单的问题也理解不了。我见过有人话说了一半就哭出声来，或是毫无来由地突然大发雷霆。

哀伤可能让我们感觉无望又无助，触发有关疾病和死亡的念头。哀伤会扰乱我们感受愉悦的能力，导致注意力难以集中，吞噬我们的自尊心。以上都有可能是抑郁症的症状，但哀伤不是抑郁症。哀伤不是任何一种疾病，它是大脑理解失去、在失去的混乱状态中寻找出路的过程。

但哀伤又很像一种疾病。它令我们害怕，我们试图压抑它触发的冲动，就像试图压抑一切可能造成不利后果的感受一样——我们毕生都在接受压抑自然冲动的训练，有的是压抑哀伤的方法。

毕竟，社会化训练始于幼年，贯穿于整个人生。绝大部分的社会化训练是压抑本能冲动。鸟类、鱼类和许许多多物种生来就有种种本能，都是生存的必备能力，人类却要学着压抑自己的"自然"反应，以求融入家庭、部落或社会。我们早已学会了遏止各种自发的需求。

例如，只需要在饿的时候吃下最方便的食物，就能满足基本的食欲。在本能驱使下，我们会用手抓食，愉悦地吃出声来，偶尔用胳膊蹭去下巴上的汁水，满足地打出一个响亮的饱嗝。但是，从儿时起，我们就被教导要等待饭菜上桌，只能吃自己盘中的食物，学习使用符合文化规范的餐具，闭嘴安静咀嚼，用大腿上的餐巾擦拭嘴唇和下巴，憋回胃部向上翻腾的气体。我们被教导的"礼仪"正是对冲动的终极抑制。

成年后，我们已经熟练掌握压抑"自然"反应的能力。午夜时分，哪怕路口另一个方向无车往来，我们也会克制急躁，等待红灯变绿。如果手里有一口烫得难以拿住的锅，但脚边有孩童，那么即使我们条件反射地想要立刻撒手，也会抓紧热锅不放。

我们还有能力打断自发的哀伤，而不是跟随本能对着月亮号哭或痛苦得蜷成一团。我们真的太擅长压抑哀伤的冲动了。然而，若想保持健康，就需要表达哀伤。

哀伤就像睡眠，试想你睁不开眼，渐渐失去肢体协调能力，注意力难以集中，心情烦躁，无法与人交流。这些明显的症状意味着重病或发疯吗？有可能。但也可能只是表明你困了。你应该尝试呼吸新鲜空气，摄入咖啡因，做一些提神的运动。但最终，治疗困倦的良方是睡上一觉。

治疗哀伤最终还是需要感受哀伤。和睡眠一样，一个疗程是不够的。哀伤的悖论在于：我们越是害怕哀伤让我们生病，越是试图压抑它，就越会因为哀伤而出现各种问题。

压抑哀伤可能影响身体健康，就像拉尔夫一样，也可能扰乱我们的心理健康，造成焦虑、抑郁或种种不适，还可能影响我们与他人的关系。

几年前，我曾经的患者推荐她的研究生同学来找我。这位同学叫克劳迪娅，三十岁出头，单身，经常因为感情生活抱怨。

克劳迪娅和我见面，开始了咨询。她认为，痛苦源于对感情注定破裂的恐惧。她泪盈盈地说起与男友之间的联结有多么脆弱，她一直非常害怕他离开，就算他一再保证也没有用。她和我讲了一个又一个例子来论证这种恐惧，但听起来男友并没有犯什么大错，不至于让她产生激烈的反应。

如果他迟到了，就意味着他在寻觅新的女伴，接下来就准备甩掉她；如果他忘了做什么事情，就意味着他已不再重视她，打算抛弃她。听起来，他有时是有点不够体贴，有时或许心不在焉，但从没有要离开的意思。我也不觉得克劳迪娅看起来那么脆弱，承受不了亲密关系中正常的取舍。

克劳迪娅讲述了过去一段段往事，我由此得知她是在第二次丧亲一个月后与男友相识的。她说："是乔治救了我，要是没有他，我真不知道怎么撑过失去妈妈的痛苦。要是没有他,我都不知道自己现在在哪里。可能在精神病院吧。我好怕,如果他现在离开我,不知我会沦落到哪里。我担心如果抱怨,他就会离开。所以我不敢抱怨,但我快要疯了。"

她正处于两难境地,一方面害怕被抛弃,但男友的一举一动都让她想到被抛弃,这样的关系让她难以承受、失去理智。另一方面,母亲的死是她真实经历过的抛弃,而当时新建立的爱情关系隔离了被母亲抛弃的哀伤。结束这段关系可能会唤起她的旧时伤痛,她害怕会因此失去理智。

我向她提议,或许她应该暂停有关爱情关系的讨论,转而把注意力转移到父母身上,跟随我为父母哀悼。在我看来,自从她遇见乔治,哀悼就被搁置了。

"关于父母去世,我已经走出来了。"她说,"我已经痛快地哭了个够。我只想弄清楚怎么处理乔治的事情。"她谢过了我,支付了那次咨询的费用,然后离开了。

大概一年后,她的名字再次出现在我的预约单上。她来到工作室,我们轻松坐下,她向我讲了自己的近况。上次来访后,她从学校毕业,找到一份工作,和乔治分了手,然后几乎立刻疯狂陷入另一段感情,对方是一个昵称叫雷德的男人。一开始,雷德似乎各个方面都比乔治优秀。但同样的问题又出现了,雷德和乔治一样让她发疯,因为种种小事让她害怕、心烦,她一样不敢抱怨,生怕他会离开。

她想起了我们之前的谈话。这回,她发现同一模式在重复：男友或许能提供隔离，但她并没有逃出父母去世的暴风雨。她怀疑如果不完成对父母的哀悼，就永远也无法建立成熟的关系。

一开始，拉尔夫和克劳迪娅都对自身困境的根源一无所知。一旦他们意识到根源在于未竟的哀伤，就有机会开始面对曾经的失去，把自己交给哀伤，向人生的境遇缓慢做出让步——这是走出困境的唯一出路。

他们与我一起努力了几个月，对我讲述父母的故事，分享家人的照片，哭着、笑着，回味着父母留下的丰富回忆。拉尔夫开始花更多时间陪伴孩子。两个孩子已成年，但他们热情接纳了父亲的回归。克劳迪娅开始做恋爱关系与亲子关系的课题分离。她的感情变得更认真，雷德也没有离开她。

有些人害怕自己无法活着穿过哀伤，怕自己被哀伤彻底吞噬、永远占据，于是尝试快速划过哀伤的湍流。或许我们害怕所爱之人死后，自己的生命力也随之而去，头脑和心灵都将被混乱和痛苦充斥。我们害怕永远走不出哀伤，于是试图逃避。

有些人则担心，一旦走入哀伤，便终会有一天走出哀伤，从而就会永远失去自己爱的人。或许，逃避哀伤也是一种把失落留住的方法。

不可否认的是，还有少数人在所爱之人死后认识到，哀伤其实对我们是有益的。

对哀伤存在误解,未必是无知的表现。我是个心理医生,深知人在哀伤时的状态。可当我的父母去世时,我和其他人一样,在哀伤的冲动和逃避的冲动间碰撞迷失。

直到埋葬母亲几个月后,我才意识到我之所以出现奇怪的感受和行为,是因为我在抗拒哀悼。在这之后,我开始以各种方式表达哀伤,为他们扫墓,种下纪念他们的花草,把家庭照片挂上墙,祈祷,和远方的亲戚联络感情。

我从自己的经历中得知,剧烈的哀伤——无论表现为悲哀、泪水、回忆、愤怒,还是无助——并不是常态,不会永久持续下去。哀伤会一波波袭来,停留一阵,然后消退。其间,我们会因为其他事情分心,比如一通来电、锤头砸到拇指、把车停进狭窄的车位。孤独会因为朋友来访而中断,让人痛苦的思绪会暂时让步于幸福欢乐的回忆。我们会感觉自己好起来,误以为哀伤已经结束,然后在下一波回归的哀伤中再次陷入困境。

我们不会以直线前进的方式走出哀伤。最初,我们相信自己会好起来,一点点越来越好,每天都比前一天有所进步,每周都比上一周轻松了一些。但从失落中复原的过程实际上要曲折得多,我们有时感觉良好,大胆认定差不多哭够了,紧接着却又更加肝肠寸断,仿佛泪水永无尽头。

随着哀伤自行淡去,我们渐渐注意到自己在恢复。一波波袭来的哀伤发生了变化。它的频率变了,逐渐不那么频繁;强度也变了,不那么强烈了;最后长度变了,最终变得不那么漫长。

渐渐地,暴风雨自行平息。哀伤淡去,我们得以再次踏上通往神秘目的地的旅程,心中多了几分平静。

回忆苏醒

"别担心"
瑞秋说
"如果你发现
关于母亲的回忆消失了

过上几个月
它们会回来
以前所未有的清晰姿态"

真的
关于她最后那段痛苦时光的记忆
已经褪色了
两天前她出现在我眼前
穿着绿白条纹的棉布裙
那是一九四几年买的

那时我还是个孩子

她四十多岁

可爱的黑发还未变成可爱的银发

今天我戴上她的珍珠项链

我知道

珍珠贴着皮肤就能重现光泽

　　　　　　——凯伦·艾瑟尔斯达塔尔
　　　　　　　作于新泽西州泽西市

第八章

在哀伤之海中学会游泳
应对哀伤的方法

当混乱、痛苦、忧愁、悔恨和令人眩晕的自由如洪水般冲刷身体、思想和灵魂，我们在迷惘中该如何找到穿越这一切的方向？我们到底要如何穿越这个被称作哀伤的东西？

"快把你刚才和我说的事再和他说一遍。"洁牙师看到年轻的牙医走进来,对我说。我在这家牙科诊所看诊好几年了,这位牙医是新来的。

他穿着挺括的白大褂,留着寸头,标准的职业化风格。他利落地戴上手套,开始准备检查。

"说呀!"洁牙师催促我,"和他讲讲你的书。他真的很需要,他父亲上个月去世了,现在整个人都一团糟。"

牙医一脸迷茫,转身问:"我父亲?"

"他在写一本书,关于父母去世的。"她说。

牙医缓缓在治疗台旁的椅子上坐下,把椅子拉近了些,好让我能看见他。"真的吗?"他轻声问,脸上浮现出失落的神情。

"那你能不能告诉我要怎么熬过去?"他继续问。对很多人来说,这是最重要的问题——我们要如何熬过这段紧随丧亲而来的超现实时光?当混乱、痛苦、忧愁、悔恨和令人眩晕的自由如洪水般冲刷身体、思想和灵魂,我们在迷惘中该如何找到穿越这一切的方向?我们到底要如何穿越这个被称作哀伤的东西?

作为心理医生,我常常要和人探讨一些具有颠覆性的人生危机。然而,此刻的我仰卧在治疗台上,衬衫前围着一片蓝色纸巾,显然不是一个能轻松给出建议的状态。

"嗯,首先,"我说,"我建议你注意保持呼吸。"

听上去像是废话,实则不然。失去挚亲是种既可怕又混乱的处境,但的确有些技巧能帮我们走出来:用正确的方法控制散漫的思绪、接受陌生的情绪、寻求必要的帮助,这些都是和呼吸一样简单的技巧。

学习哀伤,就像学习游泳。小时候的我在泳池边四处观望,希望自己也能学会游泳,但当时我连怎么漂浮都不会。我不相信只要把脸埋进水里、把身体放平就不会沉下去。每当我试着这样做,就开始扑腾、呛水,然后更加害怕。

最后,我做到了。不是因为我更努力地尝试或更用力扑腾,而是因为我不再尝试让自己漂浮。学习漂浮时,我真正意识到其实人本身就会漂浮。如果我们认为漂浮很难,还有其他注意事项我们不知道,就会害怕得不敢离开泳池边。

处于哀伤中就像身在泳池里,正确的做法是顺其自然。

做小事、做易事

面对全然陌生的哀伤体验时,我们总想做点什么。这时,许多人会犯一个错误:试图预判哀伤的路径。我们想知道如何熬过哀伤、需要多久才能熬过哀伤。尽管对前路一无所知,我们还是自以为是地制订起了计划。

"现在好难受。"我们心想,"但明天我一定会好起来。"然后,开始自己吓自己:"要是下周还这么难受可怎么办?下个月呢?听说有个女人从她母亲去世到现在已经难受了好几年还未恢复。"绝望伪装成对未来的预见,像一对破败的翅膀,很快把我们拽上了胡思乱想的半空。

这时的我们不是在分析处境,也不是在做计划或思考,而是想赶紧逃离一段难以理解又极度不适的体验,假装自己置身未来,妄图让它过去得快一点。尽管这种心理可以理解,但除了令自己胆怯之外没有任何作用。无论想象力多强,我们都无法追上未来,只能等待它到来。

想象一下,你一生要吃的食物都在眼前,要一口吞下是不可能的。试想今年要爬的所有楼梯都在眼前,要一次性爬完,绝对累死人。再想想下周要做的所有事,想在今天晚餐前都搞定,绝对办不到。

这样的想象毫无意义,饭要一口一口吃,楼梯要一级一级走,走完一步才能走下一步,事情该做完的时候自然会做完。

哀伤也需要随着时间慢慢度过。

每当来访者给自己预设不可能完成的任务,我都会建议他们以更小的时间跨度来设定目标,以便遏制想象力的发散。比如,"没有母亲为伴的余生"是个太大的概念,必定会触发糟糕的情绪。"过完这一天"都嫌太漫长,我们要把注意力放在更短小的时间跨度上,停止恐慌。你能想象自己再过完一个小时吗?如果觉得这也很难,那半个小时呢?十五分钟呢?一分钟呢?几秒钟呢?无论如何,大部分人都能熬过几秒钟。而且,就算要面对未来的"余生",也得先过完接下来几秒钟。

过完几秒钟后,再过几秒钟。

从小而简单的事做起就对了。

试图一口气处理完父母过世后要应对的所有事情,也可能会一不小心淹没自己。开始我们可能只想做一些必要的安排,比如"得给殡仪师打电话",接着思绪开始发散,"得通知律师,再通知牧师,还得整理遗物,卖掉房子,接下来该过节了,我该怎么办……接着还有……"。恐惧的翅膀又一次把我们拉到了半空。

我建议选取一个小任务,试着聚焦在这一件事上,比如试着打起精神给殡仪师打电话。如果思维开始滑向失控,就把任务拆分得更小一些,比如只拨电话号码。能不能专注拨电话号码,不为其他念头和焦虑分心?如果这样还是太难了,那只拨一个数字,专注在这个数字上呢?或者只是拿起电话呢?伸手去够电话呢?走到电话旁呢?

思维的条理并不重要,重要的是控制思维,让自己有能力慢慢从一个时刻走向下一个时刻。要做到这一点,必须减少发呆,把注意力专注于当下。如果我们太心急,在当下这一刻就想着下一刻和再下一刻,就会裹足不前。

健康

哀伤的人能量会被掏空。哀伤激发的情绪——忧愁、愤怒、恐惧、悔恨等,需要大量的能量支撑。情绪的表达,无论是哭泣、发火或生闷气,都要耗费能量。在自己和他人面前压抑和隐藏情绪则要消耗更多能量。在陌生处境中,人会不断提高警惕,这也要消耗能量。努力理解并解决陌生问题,尤其在力不从心的时候,更要消耗能量。

哀伤是辛苦的。

我们的远古祖先生而辛苦,每天都要设法捕猎,同时逃脱捕食者的攻击。他们的身体在进化中学会了节约能量,需要使用爆发力和耐力疾驰或战斗时,会自动迅捷地把能量从体内的复杂系统(如消化和免疫系统)分配给更原始的系统(如大肌群和心血管系统)。

到了现代,我们不再需要捕猎食物,也无须避免自己成为食物。我们面临的难题是各种压力，比如哀伤的情绪。压力虽然也辛苦，但属于心理难题，比捕猎或逃跑持续得更久。原始的应急机制虽然已不再适用，但仍会在面对艰难任务时生效：我们的身体仍会选择节能，能量会从复杂系统再分配给更原始的系统，免疫系统作为最精密的系统之一，则会受到抑制。

一旦免疫功能受到抑制，我们就格外容易被感染，对潜伏在体内的病毒和各种疾病的抵抗力也更弱。因此在长期高压下，人们常常会生病。

事实上，生病是哀伤最常见的影响之一。所以，一定要多加保重，维护健康。我会特别提醒人们注意营养，特别是在丧亲之后的几个月里，因为负责天然驱动均衡饮食的食欲此时会大大衰退。我们就算想吃，渴望的也是能提供抚慰而非营养的食物，比如脂肪和甜食。

我建议每天至少吃一顿健康餐，哪怕只是汤也好。此外，我还建议在家庭医生和牙医监督下（口腔化学平衡可能发生改变，导致牙齿和牙龈受损）每日服用多元维生素，且保持每日一定量的运动。

曾有人回应："好家伙！你让我保证均衡饮食、摄入维生素、联系医生和牙医，还要运动。拜托！我光是拿着薯片走向沙发，找到肥皂剧的频道，就已经筋疲力尽了。"

记住我们的原则：从小而简单的事做起。如果你最多只能在走向沙发时吞一粒维生素片,很好。如果你在吃薯片时还能吃一根胡萝卜,也很好。如果可以的话,去稍稍散个步。这不仅有益健康,还能帮你抵御哀伤初期常见的无助感。

接下来是呼吸。确保有意识地、认真而规律地呼吸,这也是一件小而简单的事,不仅重要,还能立刻见效。呼吸太简单了,吸气,再呼气,这有什么难?

感到痛苦时,大部分人的呼吸会不自觉地紊乱。有时我们会屏住呼吸,连续十秒、十五秒或二十秒停止呼吸,导致轻度缺氧,近似窒息。还有的时候,我们会快速地浅呼吸,进入过度呼吸状态,导致轻微的头晕目眩和神经质。屏住呼吸和过度呼吸都会遮蔽理智,让我们感到更加恐惧。

当来访者有呼吸困难的问题时,我会推荐多年前一位瑜伽老师教我的呼吸法:

> 把双手放在腹部,手指贴住腰带以下肚皮的位置。接下来,想象肚脐偏下的地方连着一根绳子。当你想吸气时,提拉绳子的另一头。想呼气时,让绳子松弛下来。就这样呼吸几分钟,吸气时把绳拉紧,呼气时把绳放松。拉,吸。放,呼。吸,呼。吸,呼。
>
> 尝试把绳子拉得更远,观察自己吸气时是否能吸得更深。慢慢把注意力放在手指上,手指仍贴着下腹部,随呼吸移动。吸气时,手指随腹部鼓起而抬高。呼气时,

手指随腹部落下。随着腹部的鼓起和落下,你的手指会上下移动,胸腔则相对保持平静。感受腹部每次鼓起时与腰带对抗,每次呼气时腹部落下。这就是腹式呼吸,即横膈膜呼吸法。就这样认真且规律地呼吸,就能确保不会过度呼吸,也不会窒息。

也许有一天,当你坐在沙发上看肥皂剧时,会突然想到把手指放在腹部,检查自己是否在调动横膈膜进行深长且充分的呼吸。只需做这件小而简单的事,你就在爱护自己的路上向前迈进了一大步。

支持与关爱

没有人能独自面对哀伤。若想凭一己之力穿越丧亲那片陌生且可怕的"领域",无异于不会操作火箭却想飞向月球。走过哀伤和一切穿越黑暗之地的旅程一样,绝大多数人都需要安全感、经验和支持。我们需要确信自己可以在这个过程中活下来,需要有经验的人提供指引,需要爱我们的人给予支持与关爱。

我们需要他人,因为丧亲切断了最基础的关系纽带,我们需要有人提醒自己仍是人类群体的一员。当我们害怕时,需要向他人借一些勇气,让他们给我们"打气"。我们需要他人的帮助,因为哀伤太过辽阔,大多数人无法孤身穿越。

其他人可以用许多方式带来慰藉,前提是他们知道你需要慰藉。问问朋友能否过来坐在你身旁,陪伴你处理难受的事,比如整理父母的衣柜。问问邻居能否代为照看孩子一下午,好让你能透口气。问问教友能否为你做顿饭,免去你的烹饪压力。问问同事能否在午休时陪你散步,让你暂时远离接不完的电话。问问早于你失去双亲的朋友做什么有助于排解情绪、避免做什么。询问,一定要开口问。

必要时,请人协助你做决策。父母去世后需要做的事让很多人手足无措,从购买墓地到处理他们的个人文件。人在哀伤中很难解决问题、做出正确决策,因为我们的判断力和解决问题的能力彻底失效。这时,不妨问问朋友能否帮忙。

几乎一切待办的事都可以延后,不会有什么后果。如何处理父母的遗物、如何处理财产继承、何时回到工作岗位,都没有看上去那么紧迫。尽可能延后,尽可能少做决策,越久越好。记住,做小而简单的事。

其他人可能会催促你快做决定,不妨让他们等等。不少继承人会把父母的住宅封锁一年或更久,等做好准备再面对家中的一切;把父母的车停在某处,等可以平静处置时再说;把继承的财产存进储蓄账户保证安全,等准备好再另做安排。

可以找值得信赖且无利益相关的第三方协助你,比如审阅签署法律文书、清退家具并寻找临时存储空间、记录银行保险箱的内容明细、通知社保和寿险机构、支付父母的账单、取消早先的预约，以及终止不再需要的服务。

打电话给家庭律师。如果你不认识律师，可以找朋友推荐。打电话给殡仪师，他们是经验丰富但常被忽视的专业人士，在这样的时候往往能帮上大忙。总之，寻求帮助，不要试图独自应对一切。

有些投机主义者像老鼠被散落的玉米吸引一样，专盯着他人不幸的时候下手。这时，他人的判断和监督能提供无价的保护。

偶尔，他人会让你失望。即使是天性慷慨、乐于助人的人，也可能不知道如何提供帮助。出于好意但不得要领的帮助可能会令你烦躁。原谅他们，向其他人寻求帮助。做简单的事。

有的人可能不知道致哀时该说什么。他们可能会说："我知道你肯定很难过。"也可能会说："他们年事已高，又病了那么久，对你来说也算卸下重担了。"甚至可能会说："噢，我的天！已经过去好几个礼拜了，你怎么还这么伤心？"语气中的惊讶，好像是在批评你不该再被情绪左右。

在这种尴尬时刻要如何回应？我有两个备用答案——"对啊，没错，谢谢"，或者"是啊，真的很难"。有了这两句，我就不必搜刮自己所剩无几的脑力，临时思索新的答案，而且可以避免把哀伤引起的怒火撒在对方身上，造成难堪。对方只是缺少表达同情的技巧,原谅他们比发火容易得多。

如果生活中没有那么多善解人意的朋友,或你不习惯给别人添麻烦,也可以加入互助组织。有的组织由经历相仿的人运营,也有的有专业人士参与。无论哪种形式,都会有温暖体贴、往往自己也处于痛苦中的人,给你支持,分享经验。许多组织采用匿名形式,有助于成员表达哀伤中较为负面和难堪的感受。更重要的是,组织成员能分担你的压力。

互助组织会在地方报纸、城市杂志和网络上刊登广告。如果在自己的社区中找不到这样的组织,可以咨询你的医生、律师、医院或临终关怀志愿者、神职人员或殡仪师,也可以打电话给看护机构、社区精神卫生中心或地方红十字会等,总会有人知道互助组织的活动地点与联系方式。

在哀伤时,向专业心理医生求助也会有所助益。擅长处理哀伤的精神卫生专家可能背景各异,与专业人士沟通时,你可以用语言倾吐忧虑,看看说出忧虑、听见忧虑会带给你什么感受。例如,有人会说:"我丈夫从头到尾一点忙也帮不上。"听到自己说出来,她才意识到这个想法并不准确,且太过严苛。

通过把内心的想法说给另一个人听,我们得以切换视角,看清自己的状况。但是,对朋友或其他家庭成员说"我丈夫一点忙也帮不上",可能导致他们对你的丈夫产生反感,不但无助于理清局面,反而会使情况更加复杂。

这正是心理医生存在的必要性。心理医生不认识来访者的丈夫，在这段婚姻中没有个人利益，也不会选边站。心理医生知道如何在他人讲述时用心倾听，提出有建设性的问题。

来访者与心理医生的关系在开始前就有清晰的定义和共识。心理医生不会期望来访者也能倾听自己的问题。他们不会认为来访者欠下人情，希望将来得到回报。心理医生可以提供一个安全空间，空间里只有充满关怀和尊重的倾诉与倾听。

很多时候，有的人真的认为自己疯了。心理医生可以做出确认或排除。有些人确实需要暂时使用药物推进哀伤进程。而对于另一些人，药物只会延长哀伤进程。心理医生可以使用诊断测试和标准化访谈，判断哀伤是到了危险的程度，还是仅仅比较激烈。他们会基于经验给出建议。

但请记住，专业人士的水平也参差不齐。心理医生处理哀伤的经验越少，就越有可能对哀伤的激烈表征过度反应。选择心理医生时，一定要确认对方有处理哀伤的经验和专业背景。

面对心理医生，第一个问题可以是："你经历过父母或其他亲人去世吗？"请找一个有过相应经历的心理医生。

去见心理医生、加入互助组织、向律师或殡仪师求助、请邻居和朋友帮忙——我们需要各种帮助才能度过哀伤时期。大部分情况下，人们都是真心想要帮助彼此。不妨大方说出你的需要和恐惧，给予他人帮助你的机会和快乐。

纪念物

最近有位女士对我说，她遵照父母的遗愿，把他们的骨灰撒进了大海。事后，她很后悔没有留下部分骨灰，埋在家附近。"我没有地方可去了。"她说，"当我想坐下来静静怀念他们的时候，不知道该去哪里。"

当我想找个地方怀念父母时，他们的墓地和刻着名字的墓碑带给我许多宽慰。这些年来，与我交流过的许多人都认为，当挚亲逝去后，某种代表他们的实物可以带来一些慰藉。

纪念物当然不限于墓地。曾有位男士带我参观他用于纪念父母的花园。从晚冬到第二年晚秋，每个周末他都在花园里劳作。他说，只要在花园里干活，就会感觉父母还在身边。我认识一位女士，她买下了一张大沙发，因为这张沙发让她想起父母。她喜欢在结束一天的繁忙工作后坐进沙发里。另一位女士告诉我，她把父亲和她一起画的一幅风景画挂在了家里最明显的位置，仿佛这幅画守护着她。一位男士对我说，他在上班路上把父亲零钱包里的一枚地铁代币扔出了车窗，这样每当开过这个必经之地，他都会想起父亲。

我的朋友莱尼因为一场空难骤然痛失父亲。他无法平静接受这一现实。由于遗体下落不明，他无法安葬父亲，也无墓地可以拜祭哀悼。尽管飞机失事地点附近有一块纪念碑，但它无法带给莱尼任何情感联结。他想有一个地方，至少想在心里有块地方，每当想重温有关父亲的美好回忆时，就可以去到那里，但他不知道要怎么做。

我邀请莱尼一起去看看我家农场的纪念树丛。妻子和我把农场命名为"甜水"，因为农场长有丰美的糖枫树，农民把糖枫树的汁液称为"甜水"。我对莱尼说，我愿意相信那一滴滴的汁液，那些"甜水"，其实是树的眼泪。

莱尼来到树丛，我们花了好几个小时看树。他说起他的父亲。他对我说起年轻时和父亲一起钓鱼的故事，说到两人有多喜欢户外活动。他笑着说起万圣节家人间的恶作剧，说起父亲在母亲临终前对她多么好，又哭着回想起航司代表来电通知空难那天有多可怕。

我们走到几株小树苗旁。莱尼选了一株一点五米高的健康小树。我们挖起小树，放进独轮车，推向一片他选中的空地。他挖了一个坑，我们一起吃力地把包裹着树根的土球放进坑里，埋好。

之后，我们并肩站了几分钟，低头默哀。莱尼说，他想到这棵纪念父亲的树会每年从冬眠中醒来并生长，感到无比奇妙。

每个人都可以种下一棵树，也可以从童年最爱的度假地拾一块石头，或在父母的遗物中找出一件有个人意义的物品，摆放在房子、庭院或者心里，让它成为一种纪念。以这样的方式纪念绝非病态，恰恰相反，它能带来诸多慰藉，疗愈伤口，帮助哀伤的人接受父母去世这一复杂的现实，在未来的人生之路上更顺畅、笃定地前行。

纪念物甚至可能来自故事与口述史。哀伤的人会在本能的驱使下,对他人讲述逝者的故事。在葬礼结束后的几个月里,家庭成员和亲密的朋友们会坐在一起,很自然地交换一些逸事,分享记忆中与逝者共处的时光。这些故事既是怀念逝者的宣言,也是给予遗留在世上的人一张入场券,一张追忆逝者的聚会入场券。

即兴追思会无须准备,往往一触即发。旧的剪贴簿和影集便满是值得分享的故事,谁要是发现了老旧的家庭纪念品,一定会产生分享回忆的冲动。听最爱的老唱片时,回忆呼之欲出。坐在一起观看旧日的家庭录影,我们会想起父母正值壮年、自己还是孩子时的情景。

不过,还是请记住,保持小而简单的原则。没必要把整个家族历史按时间顺序做成纪录片,或为母亲设立一个纪念网站。一套豁口的茶杯、一片拆解书架时从两本书间飘落在地上的树叶标本,都可能触发绵绵不绝的回忆。一个烟斗架、半瓶古龙水、把手松了的螺丝刀,它们不只是物件,更是与往事的联结。

无意识下,生者渐渐会用丝丝缕缕有关逝者的回忆编织出一幅纪念锦缎。搞笑,尴尬,陈年的伤口,温馨的往事,一个又一个故事,欢笑与眼泪编织起来,保留着逝者的意象,也包裹着生者,将人们永久联结在一起。

休息

哀伤很消耗人。情绪枯竭，身体疲惫，精神过载，都令哀伤的人精疲力竭。接着，哀伤的好搭档——失眠随之而来。

睡眠不足是逐渐累积的。越临近睡觉时间越会让他们害怕，心知夜幕降临后，他们或许又要躺在那里，睁着双眼，思绪翻腾。入睡或小憩一下成了当下最迫切的需要，逐渐把其他所有欲望排挤了出去。

此时，向酒精寻求慰藉并不是好主意，原因有很多，主要原因是没有用。酒精有镇静作用，所以我们喝上一两杯后会感觉平静了下来。但是，酒精会抑制能量，更会压抑情绪。已然低落沮丧的人，最不需要的就是低微的能量和郁郁寡欢，更不用说酒精伴随的成瘾和疾病风险。

试着花点时间休息一下，找点消遣，分散一下注意力，疗愈身心。休息不只是睡眠或打盹。身体需要营养均衡才能维持健康，精神同样渴望丰富的食粮。好好休息一下，但记住，还是做小而简单的事，去做那些能让你打起精神、自我修复的事情。看一场电影，看看电视，或和朋友去餐厅吃晚餐。读你喜爱的诗歌，听听音乐，找个风景宜人的地方散散步。泡个舒缓的热水澡，放松一下。去跳场焕发活力的舞，打打保龄球。去教堂安静一下，在乡间兜兜风。吃一支冰淇淋，做个按摩或美甲。开车上公路，打开所有车窗，用最大的音量放声唱歌。任何有乐趣、有意思的事都能为伤痛和疲惫的心灵赋能。

然而,最重要的休息恐怕只有自己能做到,那就是解放自我,别再要求自己优雅得体地度过这段混乱时期。请允许自己笨拙,允许自己丢脸,每个人都要找到自己的哀伤方式,而所有人的方式都称不上优雅。从没有人对我说,当他们回想哀伤时,很遗憾没能拍照记录当时的自己。有的人不仅会哭,还会放声痛哭。有的人则一直感到愤怒,会对陌生人发火。有的人会穿上全套奇装异服,也有人好几天都不洗澡。正常的哀伤表达方式多种多样,可以说囊括了人们能想到的一切没有魅力、不受欢迎的表现。

没有人能熟练地、艺术性地、漂亮地度过哀伤时期。哀伤中的人不会因为风度或难度得分,不存在奥运健儿般潇洒高举双臂等待评分的谢幕时刻。

哀伤的目的既不是完美,也不是优秀,它的目的是走出哀伤。

祷告

有人问我如何走出沉重的情绪时,我的建议里往往会有一条是祷告。如果他们问我怎么祷告,我会说:"怎么祷告都可以。"

如果他们说自己不信神,我会告诉他们,信仰不是祷告起效的必要前提。

如果他们说自己不知如何祷告,我会回答:"那么,就从祈祷学会祷告开始吧。"

几乎每个人都会祷告,只是形式各有不同。有人会跪在教堂的条凳上背诵神圣祷文,也有人只在餐前和睡前祷告。我认识的人里,有人会合掌做出祈祷的姿势,表达感激与谦卑,也有人会为自己和所爱之人祈求恩典或许愿;有人在佛教诵经会或公谊会上祷告,有人会去森林或海边,把自己交给宏伟的自然。

我认识很多从未走进宗教场所的人,无论是教堂、清真寺、犹太教会,还是其他礼拜堂。他们不信奉任何宗教,没有任何特定信仰。但是,当他们在人生中遭遇不公时,会义愤地大喊出声。我很想知道他们在与谁交流。

我鼓励人们祷告,不是为了让他们信奉某种具体的宗教,甚至不是为了让他们去思考宗教。感知宇宙的方式、理解人生意义的方式、分辨正义与邪恶的方式,都是很个人的。这不是我的兴趣,更不是我的业务。如果有人向我寻求这方面的指引,我会向他们推荐专家,比如牧师。

我鼓励大家祷告,无论是自行祷告或是加入祷告小组,理由只有一个——祷告有用。祷告有意想不到的神奇修复作用,能治愈人心。祷告可以帮助我们更快恢复,活得更充盈。

我说的祷告不是那种"扔下拐杖,首度独立行走,赞美耶稣"式的信仰疗法。虽然它或许对虔诚信徒有帮助,但不是我想推荐的。我要说的很简单,这些年来,我的来访者中进行祷告的人——无论信奉哪种宗教、供奉哪种神明、践行教条时是否严格——比起没有进行祷告的人,似乎总能更快地让生活重归正轨。

我鼓励人们祷告,是因为我观察到祷告和恢复状态之间的直接关联。

我无法清楚说明其中的原理,就像我也不知道电视机的工作原理,我只知道要按哪些键。我也不知道花开的原理,我只是除草、施肥、浇水,花会自行解决其余的问题。

我不知道祷告如何起效,也不知道祷告为何见效。我只是见证了祷告的效果。

越来越多科研文献提出了同样的结论。在过去二十年间,同行评审的医学期刊文献一再指出,增加宗教活动与降低血压、减少中风、降低心脏病死亡率、降低心脏手术死亡率和加速术后恢复、延长寿命、改善整体健康存在直接相关性。

因此我鼓励人们祷告。但有人告诉我,他们无法祷告,说祷告太难、太尴尬,甚至令他们厌恶。他们说自己怀有太多愤怒或太多质疑。

"这样的话,"我对他们说,"就随便请哪位朋友或亲人在祷告时把你加进祷词吧。"我这样说,是因为我见过"代祷"(一个人替另一个人祷告)也会奏效。

这一说法同样得到了科研支持。最著名的研究或许是一九八八年加州大学旧金山分校的心脏病学家兰道夫·拜尔德的研究。拜尔德医生把近四百位心脏病患者随机分为两组。所有患者都接受同样的医疗，唯一的差别是志愿者会为其中一组患者祈祷康复。在所有接触患者的人中，只有拜尔德医生知道实验的存在，且他不知道患者的具体分组。

两组患者的治疗效果差异明显，据称，有志愿者代祷的患者组需要的抗生素剂量更低，后续充血性心衰和肺炎发病率也更低。

祷告确实有意想不到的神奇修复作用，能够治愈人心。

信念

要度过痛苦艰难的哀悼期，我们必须相信生命生生不息、源源不断的潜能。我们必须要相信，"一切都会过去"。但是最初，我们很难做到。哀伤像是某种全新、黑暗的永恒刚刚启动。我们觉得自己不可能毫发无伤地存活下来，更不相信自己能走出去。

"我很害怕会一直这样。"有人对我说，"我从来没有这么难受过，也从来没想过会这么难受。"

恐惧不会催生出正确的判断。说起来，只有一个判断绝对正确：一切都会改变。真正让我们害怕的，是我们意识到挚亲的去世。那么，我们不妨也试着说服自己，这种失去产生的痛苦最终也会过去。

我们或许没有意识到,哪怕在最平顺的时候,也要有坚定的信念才能生活下去。当太阳落山,一切都沉入黑暗,我们为什么不会感到恐慌?我们不会认为:"糟了!光消失了,黑暗将永远笼罩大地!"相反,我们相信太阳会在第二天早上升起,光芒将重返人间。

每当冬天来临,植物凋敝,黑夜变长,天气渐渐寒冷,我们为什么没有害怕、绝望?我们不会认为:"糟了!万物灭亡了!"因为我们相信,几个月后将春回大地,万物复苏。

这时,黑暗不会令我们害怕,因为我们熟悉太阳与四季的节律。但我们不熟悉哀伤的节奏,因此很难相信它终将过去。

"我需要一个信号。"曾有一位来访者向我要求道。

幸运的是,确实有走出哀伤的信号。"信号会在某个早上到来。当你醒来大概一分钟左右,"我告诉她,"突然你开始难受。你会意识到,自己已经清醒了一分钟左右。"

这就是信号:第一次没有在哀伤令人窒息的怀抱里醒来,要花上一分钟左右才能想起自己的痛苦。

对大部分人来说,在这样第一次瞥见自由的时刻,我们就知道哀伤终将结束。我们醒来时感觉一切正常,无论这正常多么短暂。我们想着醒来的人会想的事情——背疼、拼车安排、早安电台的节目。我们醒来时,神奇地发现自己不再哀伤，这就是哀伤消退的信号，这就是重建的时刻。这是我们能活下去的保证，是"一切都会过去"的保证。这时，我们意识到自己恢复了信心。

对我而言，这一刻让我回想起第一次漂浮。漂浮在水面上的我，意识到自己之所以能浮起，是因为我不再尝试让它发生，就像我第一次离开泳池边发现一切安全的那一刻。

在这个早上来临之前，做小而简单的事。如果你纠结于一些宏大且难以理解的东西，就去想想太阳、月亮，想想每晚来了又去的繁星，它们在下一个夜晚还会再来，和我们吸气、呼气时腹部的起伏节奏如此相似。它们是可靠、可信而不可知的奥秘。我们的心灵虽然脆弱，却能无限地自我修复。我们一次次从伤心得到治愈的奥秘，和繁星一样可靠、可信而不可知。

椭圆相框

母亲站在椭圆相框里
头顶的发丝、脚尖的趾头被挡住
她站在家旁边的委内瑞拉的油田上
一只胳膊在前,叉在腰上,另一只在后
姿势像个模特
她手上的青筋凸起
和我一样
那时的她只比现在的我大两岁
在她去世那年
我发现自己长着她的方下颌
今天我盖住她的上半张脸
却从她脸上看到了自己的笑容和牙齿
和我一样
她眼睛眯着,迎着阳光
细细的胳膊,小小的胸,宽宽的胯

三年前,在她的葬礼上
有人曾说"你的样子和你母亲一模一样"
我礼貌微笑
我一年比一年更远离她的一生
却更靠近她的面容,她的笑声
我已经成为的样子
我将要成为的样子

——帕梅拉·波特伍德
作于亚利桑那州图森

第九章

爱与告别的人生课
从失去中获得的新认知

我们以父母为参照,逐渐找到了自己的位置。我们看到彼此间无数的不同与相似,开始在初始人格地图的边界外描摹勾勒。我们就这样找到自己,不断在人生的旅程中寻找自己的方向。

人生给予每个人源源不断的学习机会，但指导总伴随着代价。通常情况下，功课的价值越高，代价也越高。

丧亲是门必修课。每个人都报了名，都要用哀伤支付学费。几乎每个人都能学到宝贵的东西。

只有在少数例外情况中，父母去世几乎不会带来任何情感波澜，生者从中学不到什么。明尼苏达大学一九八二年的一项研究指出：若丧亲者对父母去世早有预期，且逝者年事极高，住在医疗养老机构里，不再履行任何亲职，与家庭成员情感生疏，且和丧亲者性别一致，他们的离去可能会相对平静。

这种情况下，对子女而言，与其说失去了重要的亲人，不如说从父母漫长且昂贵的衰亡噩梦中获得了解脱。关于失去、哀伤的体验和需要学习的功课往往已提前完成。

在另一些情况下，可能父母走得过于痛苦，对子女造成了极大创伤，他们从中学不到任何东西，而是选择逃避人生，不断缩小自己的世界，任凭精神枯萎。有几位在第二次世界大战期间的大屠杀中失去家人的幸存者就出现了这样的反应。

然而，对于我们大多数人来说，无论父母的年龄和健康状况如何，他们在什么地方以何种方式生活，他们的信仰、种族、对死亡的态度怎样，我们之间的关系是何种状态，以及他们以什么样的方式离去，父母去世都将迫使我们踏上一段独一无二的学习旅程。

勇气

童年最持久、最无法平息的恐惧之一，便是父母可能会抛下我们死去。这也正是很多孩子害怕睡觉的一个原因。晚安仪式的设计初衷在于安抚孩子，象征着无言但诚恳的保证：一觉醒来，父母依然会在身边。童年床畔的重复动作，无论是在睡前吃曲奇饼、喝果汁、一起读书、祷告，还是带有仪式感地互道"我爱你"，都有助于缓解孩子的原始恐惧。

但它们无法使恐惧消失，也没有其他办法让恐惧消失。

害怕被抛弃，尤其是害怕因为父母死去而被抛弃，是贯穿我们一生的焦虑之源。成年后，丧亲迫近的确定性渐渐代替了对丧亲的恐惧。这种确定性一天比一天清晰，令我们变得麻木。

这似乎无关年纪多大，取得了多少成就，与父母有多亲近，克服过多少艰难，或是对信仰有多么坚定。对父母离去的恐惧挥之不去，随着他们日渐年迈而愈发令我们心惊。

这种恐惧叠加文化中对死亡的避讳，使大多数人在陪伴丧亲的人时感到不自在。当然，我们学会了说该说的话，"我很难过"或是"我的祷告与你同在"。我们还学会了做该做的事，如以逝者的名义向慈善机构捐款，往教堂送去鲜花，或是在葬礼上给丧亲的人一个拥抱。

但大多数人不知道如何与丧亲的人相处。我们保持缄默，稍微后退，和他们的哀伤保持一定距离。因为我们明白，失去是他们的事情，我们的角色只是站在那里支持他们。

我第一次接触死亡是在大二暑假结束返校的时候，我得知朋友梅斯暑假在墨西哥旅游时去世了。他是个聪明、幽默、健硕的年轻人，我有许多与他有关的美好回忆，非常想念他。

与此同时，我还得知另一些大一时的朋友也不会返校了：有人转学，有人退学参军，还有人决定留在欧洲"寻找自我"。

我给梅斯的家人写了一封吊唁信，找到他的前室友表达慰问。我还记得那种感觉很奇怪，暑假前活力四射的梅斯，怎么会在几个月内病逝了呢！但是，我选择用理性的解释作为一种自我保护，避免被失去好友的痛苦全面冲击。梅斯的早亡和其他友人的离去被我赋予同样的个人意义——我再也见不到他了。

他的死是属于他父母和家人的事情，不属于我。我仿佛躲在一张盾牌之后。

每当死亡事件击破我脆弱天真的安全感，我几乎总是做出同样的选择。我会出席葬礼，对逝者的家属真诚表达哀悼。在殡仪馆，当棺材打开时，我甚至会鼓起勇气瞻仰逝者的遗容。但我感到强烈的不安、不适，于是我始终与哀伤保持一定距离。我用理性告诉自己，这场丧事不是我的事情，以求尽可能减少困惑和恐惧，避免幼时的丧亲恐惧被激起。

我仍愿意去那里（不属于我的处境）支持他们（与我无关的其他人），认为自己很体贴、仗义。

就连父亲去世时，我也找到了在一定程度上冲淡哀伤的办法——把注意力转向母亲，虽然当时她已重度失智，甚至无法理解父亲已经离世。当然，父亲的死令我非常痛苦、迷惘，我也知道自己的人生从此将变得不同，但他是母亲的丈夫，从此被称作"寡妇"的是母亲，不是我。

失去双亲之一的人没有特定的称呼，他们依然是某人的孩子。

然而母亲去世时，有生以来第一次，我再也找不到任何方式保护自己避免被哀伤冲击。我的姐姐也是第二次丧亲，需要关怀。我的孩子们失去了奶奶,需要关怀。年迈的亲友又失去一位同龄人,需要关怀。但这一次,我无法把哀伤仅仅看作他们的事情。

无论是从感性还是理性角度来看,母亲的死亡就是我的事情。我是被父母抛下的人,有属于我的特定称呼,我是个孤儿。长久以来的噩梦最终成了现实,哀伤将我吞没。

接下来的几年里,我就像坐上了情绪过山车,在困惑、迷失、愤怒、伤心、释然和麻木间往复——有时某一种情绪翻涌而上,有时所有情绪扑面而来。在毫无外界刺激的情况下,我时而释然,时而沉溺其中,眨眼间又全盘重演。我会为过去根本不曾注意的细节心烦意乱,纠结个没完。很长一段时间里,我都郁郁寡欢。

我感到害怕,就像多年前一样,害怕一觉醒来后父母就不见了。但这次不再是童年的隐忧,而是真切的现实。每天早上醒来,父母都不再出现。

父母去世不一定是最痛苦的,失去孩子、兄弟姐妹或伴侣可能更令人肝肠寸断。

父母去世甚至不一定是我们第一次失去挚爱,许多人在父母去世前可能已经告别了祖父母、亲友,甚至孩子、兄弟姐妹或伴侣。

我想,也许是因为最原始的恐惧成真,使我们觉得父母离世幽暗深远。它带来如此天翻地覆的变化,是因为我们逐渐意识到自己还要继续活下去。

当我们恢复过来（虽然时间难以预判，但我们终将恢复），人生以及对死亡的态度也随之改变了。我们克服了童年时代对被抛弃的恐惧，不是因为我们不再害怕死亡或不再害怕被抛弃，而是因为我们学到了重要的一课：我们可以走出丧失带来的巨大痛苦，甚至超越最令我们害怕的那种丧失。因为我们可以经由哀伤，成长得比它更强大。

从那以后，若再有认识的人离去，我们陪伴生者时会更自在，甚至主动想要陪伴他们。我们说的话、做的事或许还和过去一样，甚至可能和以前一样害怕。但情况有所改变，因为我们变了。我们超越了哀伤。

过去，我们出现在丧亲的人身旁，是因为这是该做的事，我们希望能帮助他们减轻哀伤。现在，我们会分享面对死亡时的脆弱、悲伤、迷惘等共同体验，从而确认我们是人类社会的一分子。

自愿来到恐惧之地，并且能在那里找到弥合自我碎片的能力，这正是勇气。我们可以将勇气广泛用于职业生涯、人际关系和人生的方方面面。有了勇气，我们就能做出人生中的艰难抉择，也能面对抉择带来的更艰难的后果。

父母去世后，生命中尚有未经探索的领域。在古老的地图上，这样的领域会用恶龙和蟒蛇标示出边界，警示潜伏在未知世界中的危险。要想去探索这片神秘领域，我们需要勇气,很多的勇气。

地图

大部分人并不真正了解父母。他们始终是爸爸、妈妈,我们一直是孩子。代际间存在着壁垒,这壁垒至少在一定程度上是年龄差的函数。父母生下孩子的年龄,也是亲子间不变的年龄差。无论他们比我们大二十岁、三十岁、四十岁还是五十岁,我们始终处在截然不同的人生阶段。

他们始终是成年人,是父母。对我们而言,他们的青春只存在于老照片和反复讲述的故事里,存在于我们小时候。当我们踏入职场,开始探索自己的身份时,他们已经到了中年,事业有成,甚至开始考虑退休。

待我们成为父母,他们就会成为祖父母,又是一个我们一无所知的角色。我们或许会开始理解他们初为父母时要对抗怎样的负担与压力,但我们对他们当下的感受依然知之甚少。

当他们的父母去世,我们也失去了自己的祖父母。而我们的双亲仍在世,我们无法理解他们成为孤儿的感受。他们退休时,我们正在事业鼎盛期。当他的健康开始衰退、朋友逐渐离世、世界越来越小时,我们的世界正在拓展、人际关系逐渐建立。

当他们得知自己将如何死去时,我们眼见他们走向死亡,懂得了哀伤的本质。

在他们死后,我们开始追赶。每一年,我们都离他们的定格年龄更近一些。我们曾亲眼见证他们经历一些人生事件,由于没有共同经历,当时的我们无法理解,而如今我们也开始经历同样的事。渐渐地,我们积累了足够的人生经历,开始理解,至少开始以更有意义的方式思考,他们究竟是谁。

我去上大学那天,和父母拍了一张合影。那时的我兴奋中略有焦虑,对他们的感受浑然不觉。多年以后,到我最小的孩子去上大学前,每当我看见这张照片,都只能看见自己的表情,回想起自己当时的种种情绪。

而现在的我看见这张照片时,会关注到母亲的脸、她不寻常的笑容和忧愁的眼神。我不知道她那天是怎样的心情。她在担心我离家远行吗?在担心独自在家是否会寂寞吗?在想象家里少了一个邋遢青少年会恢复整洁优雅吗?还是在回忆自己年轻时离家的情景?

我无从得知,但现在的我试图揣测种种可能。

父母去世后,他们与我们共度的时光便被封存。他们的人生已经定型,有开始、有中间、有结尾。故事已完结,等待着我们去读。我们可以回顾父母的人生,找到其中与我们千丝万缕的关联。人生在继续,我们衡量着事业和人际关系上的成就,走进中年又走出中年,我们可能开始考虑退休,可能当上了祖父母,我们和朋友们的健康可能开始走下坡路。

我们可能会在自己身上发现父母的特征，或许体现在言谈举止中，或许体现在思维方式上，就仿佛对着镜子看着自己。

我们未必会越来越像他们。随着时间推移，我们的行为可能变得与他们相似，又或许更为不同。他们的行为或许更能被我们理解，又或许更难以理解。我们或许更能看懂他们的人生，又或许更加不解。无论如何，以他们为参照，我们开始更完整地理解并接纳自己的行为、态度和人生。

许多曾被父母严厉对待的人告诉我，父母离世后，他们愈发认为父母的行为难以理解。"我一直以为他们是因为年纪大了，所以对事物的看法与我不同。"一位女士对我说，"但现在我也到了那个年纪，我真的不理解他们为什么对我那么糟糕。我的人生在很多方面比他们更为艰难，我的孩子们和当时的我一样大了，可我绝不会对他们说出父母曾对我说的刻薄话。"

与之相对，另一位女士则对我说："我以前觉得，小时候父亲对我们太严格了，但现在我理解了。他要求我们遵守规矩是有意义的。"

我们以父母为参照，逐渐找到了自己的位置。我们看到彼此间无数的不同与相似，开始在初始人格地图的边界外描摹勾勒。我们就这样找到自己，不断在人生的旅程中寻找自己的方向。

没有人记得当初答应过要踏上这段旅程,也没有人知道自己的故事会向什么方向展开,以及如何展开。但我们都知道我们有父母,我们的旅程就从他们的地图开始,并在很长一段时间里与他们的地图重叠。在他们去世后,通过研究他们留下的地图,我们可以拼凑出自己生命地图中未知的部分。我们分析他们走过的路、绕过的捷径,选择哪些路线要跟随,哪些路线要回避。

因此,父母去世这件事要教给我们的,或许就是研究他们的生命地图:如何绘制,如何解读,如何知道我们去过什么地方、身在何处,以及将前往何方。

全景

父母在世时,现实是顺序驱动的。过去、现在、未来,时间以线性的方式前进。我们仿佛坐着火车穿过人生,当下经过的就是现实。现实经过窗外,持续到从车窗视野中消失的那一刻。当我们向外望去,或许会看到一个池塘、一座桥、一座铁塔、一个城镇,一切都是视野里的现实,当我们继续向前,它便成了回忆。

我们上了小学,学习规矩,完成作业,这是我们的世界。接着小学毕业,我们准备好迎来下一站。小学的时光成为过去的一部分,成为一段回忆。火车继续向前驶去。

我们知道有其他人在我们之前就入读了小学，但那是过去，不是我们的现在。我们也知道有其他人要在我们毕业后就读小学，但那是未来，对我们没有任何意义。只有当下发生的才是现实。

在这列火车上，每代人都有自己的一节车厢——我们和兄弟姐妹、表亲、朋友们在同一节车厢，父母、阿姨、叔伯们则坐在前一节车厢，再往前或许还有一节是祖父母的车厢，再往后或许早晚会有一节属于孩子的车厢。大家的车厢编组成一列火车。

父母车厢里发生的事情属于中年人，祖父母车厢里发生的事情属于老年人，那些都与我们毫无关系。他们有自己的车厢、自己的问题，以及自己的故事。老人从来都老，中年人一直是中年，我们则永远年轻。

我们前方的视野被属于父母的车厢挡住了，只能从两侧的窗户向外看，现实如卷轴般展开、向后流去，是一幅二维的图画，永无尽头，并且是安全的。

后来，父母去世了，前方那节车厢也消失了。有史以来第一次，我们可以看见前方。新的全景视角，光线明亮，人生、现实和时间从此迥然不同。一开始，我们或许只能做一件事——不要因为害怕陌生、刺眼的强光而调转视线。我们的视野里有了未来，但未来不是无止境的。

我们看见了，也开始明白——真正明白，不仅是理智上理解，而是我们的皮肤、细胞、灵魂都能感知——我们来到了第一节车厢，下一轮将要离开的就是我们。

"父母永恒存在"的保护性幻象消散了，未来变得近在眼前。我们可能会留恋过去，寻求精神慰藉，因为过去充满宝贵的回忆，是我们扎根的地方，也因为正是过去支撑着现在的我们。之前泾渭分明的过去、现在与未来，如今边界变得模糊起来。

我们会把过去介绍给未来，开始对孩子们讲述自己童年的故事，复述父母讲过的他们儿时的故事。我们会把过去介绍给现在，摆放好先人的照片。我们曾把他们当成父亲或母亲的家人，而现在他们是"我们的"家人了。我们或许会把现在与未来打通，规划遗产分配、起草遗嘱、管理财产、购买寿险。我们不再把向往的假期和其他东西推给未来，开始意识到，未来、过去和现在其实是一回事。

现实不再按顺序驱动，从过去延伸到现在再延伸到未来，像卷轴般在列车的窗外展开并向后滑去，我们也不仅仅是乘客。

现实要复杂得多、丰富得多，这是我们从丧亲中学到的最有价值的一课。

大约在母亲去世前一年，我发现一张她和姐妹们小时候在芭蕾舞班拍的照片。我觉得那张可爱的照片有着母亲的过去，于是我把它装进相框，挂在了家里。对当时的我而言，它的意义不过如此——一张母亲过去的可爱照片。

母亲去世后,我再次看着这张照片,感觉它完全不一样了。比照片里的小女孩年长许多的我,看着那张幼小的笑脸,我看到的是我的母亲,还有我的女儿。与此同时,我还看见一位可爱的女士,每当我回想母亲时都会想起她。我会哀愁地想起母亲临终那几年衰老、可怜、无助的模样。我感到心痛,并且知道我会永远心痛下去,因为她去世了,只留下永恒的空洞。过去、现在和未来是一回事,都在发生,都是现实的一部分。

现实无所不在。我同时是家庭相簿里的婴儿、童年回忆里的小男孩、如今的中年人,以及某天将要成为的羸弱老人。我的孩子是我孙子孙女的父母,同时也是我曾一手抱在怀里的幼儿。曾祖父的照片挂在我家,从相框中看着我们,偶尔与我视线交汇。我从未见过他,也永远见不到自己的曾孙子和曾孙女,但在某种意义上,我早已认识他们。在某种意义上,我就是他们。

透过这样的视角,我们就能对自己有更开阔的定义,更充分地参与人生。老人关心的事情就是我们关心的,因为我们也在去往那个方向。年轻人关心的事情也是我们关心的,因为我们永远与青春相连。

我们会发现,人生远比火车车窗外的画面精彩得多。不仅如此,人生也比前方和后方视野中的风景精彩得多。

事实上，我们早已不是在飞驰的列车里看向窗外的乘客。我们是车头，是车尾，是头尾间每一节车厢，哐当哐当地行驶在铁轨上。铁轨在阳光下熠熠生辉，一直延伸向地平线。

我们是铁轨，是蜿蜒的铁轨下的碎石，是生长于周围的细小野草，是山脉绵延的郊野，是数不胜数的蓝色铺就的无垠天空。

图书在版编目（CIP）数据

漫漫告别 /（美）亚历山大·李维著；胡雅琦译. 海口：南海出版公司，2025.2. -- ISBN 978-7-5735-0867-6

Ⅰ．B84-49
中国国家版本馆CIP数据核字第2024VJ9300号

漫漫告别

〔美〕亚历山大·李维 著
胡雅琦 译

出　　版	南海出版公司　(0898)66568511
	海口市海秀中路51号星华大厦五楼　邮编 570206
发　　行	新经典发行有限公司
	电话(010)68423599　　邮箱 editor@readinglife.com
经　　销	新华书店
责任编辑	秦　薇　褚方叶
营销编辑	冉雨禾
装帧设计	尚燕平
封面插画	陈慕阳
内文制作	王春雪
印　　刷	山东韵杰文化科技有限公司
开　　本	850毫米×1168毫米　1/32
印　　张	7
字　　数	134千
版　　次	2025年2月第1版
印　　次	2025年2月第1次印刷
书　　号	ISBN 978-7-5735-0867-6
定　　价	49.00元

版权所有，侵权必究
如有印装质量问题，请发邮件至zhiliang@readinglife.com

著作权合同登记号　图字：30-2017-030

THE ORPHANED ADULT: Understanding and Coping with Grief and Change after the Death of Our Parents by Alexander Levy
Copyright © 1999 by Alexander Levy
Simplified Chinese translation copyright © 2017
by Thinkingdom Media Group Ltd.
This edition published by arrangement with Da Capo Press, an imprint of Perseus Books, LLC, a subsidiary of Hachette Book Group, Inc., New York, New York, USA.
through Bardon-Chinese Media Agency
ALL RIGHTS RESERVED
本书译文由书泉出版社授权新经典文化股份有限公司，在大陆地区出版发行简体中文版本。